Fraunhofer-Institut für
System- und Innovationsforschung ISI

ISI-Schriftenreihe »Innovationspotenziale«

Joachim Hemer
Uta Schneider
Friedrich Dornbusch
Silvio Frey

unter Mitarbeit von

Elisabeth Dütschke
und Charlotte Bradke

Crowdfunding und andere Formen informeller Mikrofinanzierung in der Projekt- und Innovationsfinanzierung

FRAUNHOFER VERLAG

Kontaktadresse:
Friedrich Dornbusch
Fraunhofer-Institut für System- und Innovationsforschung ISI
Breslauer Straße 48
76139 Karlsruhe
Telefon 0721 6809-395
Telefax 0721 6891-176
E-Mail friedrich.dornbusch@isi.fraunhofer.de
URL www.isi.fraunhofer.de

Bibliografische Information der Deutschen Nationalbibliothek
Die Deutsche Nationalbibliothek verzeichnet diese Publikation in der Deutschen Nationalbibliografie; detaillierte bibliografische Daten sind im Internet über http://dnb.d-nb.de abrufbar.
ISSN: 1612-7455
ISBN: 978-3-8396-0313-0
ISBN-A: 10.978.38396/03130

Druck: Mediendienstleistungen des
Fraunhofer-Informationszentrum Raum und Bau IRB, Stuttgart

Für den Druck des Buches wurde chlor- und säurefreies Papier verwendet.

Fraunhofer-Informationszentrum Raum und Bau IRB
Postfach 80 04 69, 70504 Stuttgart
Nobelstraße 12, 70569 Stuttgart
Telefon 0711 970-2500
Telefax 0711 970-2508
E-Mail verlag@fraunhofer.de
URL http://verlag.fraunhofer.de

Inhalt

Tabellen

Abbildungen

1 Zusammenfassung

Crowdfunding (CF) ist eine Finanzierungsform, die im Wesentlichen mögliche Geldgeber über einen öffentlichen Aufruf im Internet mobilisiert und zum Ziel hat, finanzielle Ressourcen für ein Vorhaben entweder ohne oder mit Gegenleistung zu erhalten und damit einen bestimmten Zweck zu erreichen. Crowdfunding ist ein Spiegelmodell zur herkömmlichen Mikrofinanzierung, bei der die Finanzierung selbst aus sehr vielen kleinen und kleinsten Portionen zusammengesetzt ist und notwendigerweise von vielen Mikro-Geldgebern aus der Web-Community kommen muss.

Eine wesentliche Rolle bei der Entwicklung von Crowdfunding spielte das interaktive Web 2.0 bzw. die Nutzung der sogenannten Social Media. Deren wichtigste Eigenschaft ist dabei die Möglichkeit zur individuellen Generierung von (digitalen) Inhalten und vor allem die Fähigkeit, diese über selbst erstellte Plattformen zu verbreiten und zu diskutieren. Insbesondere Blogs, Wikis und die sogenannten "Sozialen Netze" wie Facebook, Twitter u.a. nehmen dabei auch bei Crowdfunding eine wesentliche Rolle als Kommunikationsinstrumente ein.

Wegen des Phänomens der Frühphasenlücke bei der Finanzierung junger Existenz- bzw. Unternehmensgründungen besteht dringender Bedarf für neue Finanzierungsinstrumente für diese Phase. Formen der Mikrofinanzierung und des Crowdfunding scheinen für eine solche Rolle im Besonderen prädestiniert zu sein, wie in diesem Bericht näher erörtert wird.

Crowdfunding-Finanzierungsinstrumente

Grundsätzlich kann Crowdfunding viele Ausprägungen annehmen, die sich an den klassischen Finanzierungsarten orientieren. Deshalb wird zwecks klarerer Unterscheidung folgende Nomenklatur für fünf Hauptgruppen dieser Ausprägungen von Crowdfunding vorgeschlagen:

- Reine Spenden oder Zuwendungen ohne Gegenleistungspflicht, aber u.U. mit Prämien oder "Dankeschöns" als Anerkennung,
- Sponsoring, bei dem eine feste Gegenleistung vereinbart wird,
- Vorauszahlungen ("pre-selling"), bei denen ein Anspruch auf prioritäre (Teil)Lieferung des zu entwickelnden Guts (Produkt oder Dienstleistung) entsteht, sobald es fertig ist,
- Kredite treten in diversen Ausprägungen auf, immer mit Rückzahlung und sonstigen Gegenleistungen verbunden (Zinsen, Gewinnanteile) und
- Equity, gesellschaftsrechtliche Beteiligungen am Eigenkapital eines (jungen) Unternehmens.

Jedes dieser Instrumente eignet sich jeweils für bestimmte Projekttypen am besten, denn die jeweiligen Einsatzbedingungen, prozeduralen und rechtlichen Anforderungen unterscheiden sich z.T. grundsätzlich. Für kommerzielle Projekte eignen sich Spenden und Sponsoring kaum, während Kredite und Equity wiederum für soziale, u.U. sogar gemeinnützige Vorhaben weniger geeignet sind (vgl. Abb. 11).

Motivation

Auch wenn bei den meisten Geldgebern im Bereich des Crowdfunding nicht monetäre bzw. nicht materielle Gründe den Anreiz zur Teilnahme bilden, so können Gegenleistungen verschiedenster Art doch letztendlich der Auslöser sein. Diese Gegenleistungen hängen von den verschiedenen Methoden der Finanzierung und vom Typ der Geldgeber ab und sind damit sehr vielfältig. Sie bestehen derzeit noch überwiegend aus nicht monetären, meist sogar nicht materiellen Gegenleistungen wie Zufriedenheit, Teil einer Community von Unterstützern eines gesellschaftlich als wichtig erachteten Vorhabens zu sein, Zufriedenheit mit dem Erfolg eines Engagements, Spaß an dem Engagement und an der Interaktion mit den Initiatoren, Teilnahme an exklusiven Veranstaltungen wie Vernissagen, Konzertpremieren, Gala-Diners etc., Anerkennung als Förderer, namentliche Erwähnung auf einer öffentlichen Liste von Unterstützern (z.B. im Filmabspann), Erhalt oder Nutzung des zu entwickelnden Produkts oder der zu finanzierenden Dienstleistung, Mitwirkungs- oder Stimmrechte. Unterstützer mit rationalen Eigeninteressen wie Kreditgeber, Investoren oder aber auch gewerbliche Sponsoren haben weniger intrinsische Motive; sie suchen eher nach Renditen auf ihren Kapitaleinsatz.

Akteure

Auf Basis der durchgeführten Literatur- und Internet-Recherche können die folgenden **wichtigen Akteure im CF-Markt** benannt werden (vgl. Abb. 9):

- **Die Kapital suchenden Vorhaben:** Sie sind Ziel-Empfänger des einzusammelnden Kapitals wie Künstlerprojekte, Start-ups oder Projekte gemeinnütziger Organisationen.
- **Die Geld- oder Kapitalgeber:** Sie stellen die Unterstützer der Projekte oder "Investoren" dar. Dabei können sie sowohl einzelne Personen sein, oder auch Organisationseinheiten in Form von Unternehmen, öffentlichen Einrichtungen oder auch Fonds oder politische Akteure, Verbände oder Kammern.
- **Die Intermediäre bzw. (Internet-)Plattformen:** Das sind Dienstleister für Empfänger von Kapital wie Makler, treuhänderische Sammler, Verteiler oder Verwalter für das Kapital (keine Fonds), Werbemittler, Anbieter einer Online-Plattform etc.

- **Andere Akteure:** Diese können z.B. Stakeholder sein, also Vertreter von Organisationen oder auch Gesellschafter, die ein eigenes Interesse an der Entwicklung des zu finanzierenden Projekts haben (z.B. NGOs, Gewerkschaften, Parteien, Kirchen, Politik, Förderagenturen und Wirtschaftsförderer usw.).

Tendenziell ist jedem Kapital suchenden Projekt zu empfehlen, einen intermediären Dienstleister (eine "CF-Plattform") in Anspruch zu nehmen.

Typologie

Zur Klassifizierung von CF-Varianten und Projekten werden zwei Haupt-Typisierungskategorien mit je drei Unterkategorien verwendet. Die erste Kategorie und ihre Unterkategorien sind:

1. **Der ursprüngliche gesellschaftliche Zweck des zu finanzierenden Projekts**[1]
    - **Gemeinnützige oder altruistische Projekte** verfolgen einen wichtigen politischen oder sozialen Zweck wie Bereitstellung öffentlicher Infrastruktur (Straßen, Kommunikationsnetze etc.), Gesundheitsversorgung, erneuerbare Energietechnologien, öffentliche Forschungsvorhaben etc.
    - **Gewerbliche oder kommerzielle Vorhaben** verfolgen klar ein Gewinnziel. Hierzu zählen Unternehmensgründungen, FuE-Projekte in Unternehmen, Marketing für ein kommerzielles Produkt, Produktion von Musikalben/CDs oder von Kinofilmen usw.
    - **Mischformen**, die nicht klar zuzuordnen sind, weil der kommerzielle Zweck erst später zutage tritt. Beispiele: Projekte zur Einführung neuer Web-Dienste, die wie einst YouTube, Skype, Facebook, Twitter u.a. zunächst als freie Dienste im Web angeboten wurden, ehe sie kommerzielle Bedeutung gewannen; künstlerische Einmal- oder Pilot-Events, die später wiederholt werden oder gar auf Tour gehen oder Festivals und Konzerte, die nur einen kleinen und temporären Markt finden.

Als zweite Haupt-Typisierungskategorie ist die **ursprüngliche** organisatorische Einbettung der Initiatoren eines Projekts. Sie wurde gewählt, weil sie mit den ursprünglichen Zielen des Vorhabens korrespondiert. Ein Vorhaben kann sich in seinem Verlauf sehr verändern und kann durchaus später eine andere Zweckbestimmung erhalten und organisatorisch anders aufgehängt sein.

---

1 Nicht betrachtet werden hier Projekte, die rein soziale oder religiöse Ziele verfolgen (z.B. Schulprojekte in der Entwicklungshilfe, Tafeln für Bedürftige, Restauration einer Kirche) oder auch Lifestyle- oder Spaßprojekte (z.B. der Verkauf einer Internethomepage).

Auch diese Haupt-Typisierungskategorie hat drei Unterkategorien:

2. **Die ursprüngliche organisatorische Einbettung der Initiatoren eines Projekts:**

   - **Projekt mit unabhängiger, privater Genese:** Hier handelt es sich um eine unabhängige Initiative von Individuen ohne Bezug zu einem Unternehmen oder einer anderen Organisation.
   - **Eingebettetes Vorhaben**: Die Projektinitiative entstand aus einem Unternehmen oder einer anderen Organisation heraus (z.B. ein neues FuE-Vorhaben eines Unternehmens, ein Pilotprojekt eines Energieunternehmens, ein neuer Forschungsvorschlag eines bestehenden EU-Projektkonsortiums, ein Entwicklungsprojekt der UN usw.)
   - **Start-up:** Solche Vorhaben sind darauf angelegt, eine zeitlich unbefristete Organisationseinheit zu schaffen, z.B. ein Unternehmen, eine Stiftung, ein Verein, eine Behörde etc.

Mit obigen beiden Haupt-Typologie-Kategorien und ihren jeweils drei Unterkategorien können sowohl die CF-Projekte als auch die unterschiedlichen Finanzierungsinstrumente des Crowdfunding klassifiziert werden (vgl. Abb. 10 und 11).

Relevanz von Cowdfunding

Anhand von drei Datenquellen kann die Zahl der CF-Projekte, die von CF-Plattformen pro Jahr derzeit weltweit betreut werden, grob abgeschätzt werden. Der Schätzraum liegt zwischen jährlich 13.000 erfolgreich von jungen Plattformen betreuten Projekten und 105.000 bei erfahreneren Plattformen. Zu dieser Zahl ist jedoch noch eine unbekannte Zahl von Projekten hinzuzurechnen, die den CF-Prozess selbst organisieren und keine bestehende Plattform in Anspruch nehmen. Sie sind jedoch derzeit nur sehr schwer bzw. gar nicht zu identifizieren.

Die Zahl der Unterstützer eines Projekts deckt eine breite Spanne von unter 100 bis zu mehreren 100.000 ab. Der Durchschnitt liegt jedoch bei wenigen Tausend pro Projekt. Von einer Finanzierung durch eine *Crowd* kann dabei eigentlich nicht gesprochen werden; der Begriff Crowdfunding bleibt aber dennoch berechtigt, weil die Unterstützer letztlich hauptsächlich aus der Crowd der Web-Community rekrutiert wird. Die Crowd ist also die Gesamtpopulation, aus der die Unterstützer stammen.

Was die Finanzierungsbeiträge der einzelnen Unterstützer angeht, so liegen sie derzeit im Schnitt zwar noch unter 100 Euro, jedoch nicht im Bereich von wenigen Euros oder gar Cents. Und es gibt viele Beispiele, bei denen private Unterstützer auch hohe bis sehr hohe Beiträge bereitstellen und so als Multiplikatoren dazu beitragen, dass auch große Finanzierungsvolumina zustande kommen.

Eignung von Cowdfunding

Crowdfunding ist eine informelle Finanzierungsform und baut auf einfache Abwicklungsprozeduren und geringe Regelungsdichte. Es funktioniert am besten, wenn das jeweilige Projekt eine große Zahl von Menschen (die "Crowd") so begeistern kann, dass sie bereit sind, kleine Beträge zu spenden. Dabei begrenzt oft der administrative Aufwand, d.h. die Höhe der Transaktionskosten, die mit der Abwicklung dieser Finanzierungsarten verbunden sind (insbesondere bei Beteiligungsabschlüssen und -verträgen), die Einsatzmöglichkeiten von Crowdfunding, denn für Mikrobeträge von wenigen Euro müssten entweder die Transaktionskosten gegen Null gehen oder die Geldgeber tragen auch diese Kosten, damit eine positive Netto-Summe erzielt werden kann.

Crowdfunding ist – in den Varianten Spenden, Sponsoring und Pre-Selling – mittlerweile etabliert bei der Finanzierung von Projekten in der Kreativwirtschaft, bei sozialen bzw. gemeinnützigen und entwicklungspolitischen Projekten, die i.d.R. eine begrenzte Dauer haben und nicht auf die Errichtung einer dauerhaften Organisation abzielen. Unternehmerische Ambitionen spielen daher kaum eine Rolle, d.h. Start-ups entstehen in diesen Sektoren kaum. Die Finanzierungsvolumina sind hier besonders klein, von wenigen Hundert Euro bis einige Tausend. Großprojekte kommen gelegentlich vor, sowohl im privaten wie im öffentlichen Bereich.

Zur Finanzierung der Frühphase von innovativen Existenz- bzw. Unternehmensgründungen eignet sich Crowdfunding in seinen Varianten Spenden, Sponsoring und Pre-Selling. Für die späteren Entwicklungsphasen kommen über Crowdfunding jedoch kaum ausreichend große Volumina zustande und außerdem sind die Varianten Kredite und Equity vom Handling bzw. von den rechtlichen Anforderungen her sehr komplex und eignen sich für große Finanzierungsvolumina nur, wenn die Zahl der Investoren überschaubar ist. Dann ist allerdings der Übergang zu herkömmlichen Kredit- und Beteiligungsfinanzierungen (formaler Kapitalmarkt) sehr fließend. Die Zahl von Kredit- und Equity-basierten Start-up-Finanzierungen nimmt derzeit zu, dank der immer häufiger entstehenden einschlägig spezialisierten CF-Plattformen. Sie entwickeln ständig neue, z.T. raffinierte Geschäftsmodelle, die die schwierigen rechtlichen Begrenzungen umgehen.

Ein noch wenig beachtetes Einsatzfeld für Crowdfunding ist das von Forschung und Wissenschaft. Auch für die Anfinanzierung von neuen Forschungsvorhaben oder Pilotvorhaben im Kontext neuer (z.B. nachhaltiger) Technologien lassen sich Privatpersonen begeistern (ideologische Vorkämpfer, Wissenschaftler, Politiker usw.) und zu Spenden motivieren. Im Ausland existieren schon entsprechende, auf die Finanzierung von FuE spezialisierte CF-Plattformen. In Deutschland ist das Bewusstsein für diese Möglichkeit der Forschungsfinanzierung noch unterentwickelt.

Damit Crowdfunding sein volles Potenzial entfalten kann, bedarf es seiner Akzeptanz durch alle Akteure des formellen und informellen Kapitalmarkts sowie des Staats und der Gesellschaft. Um dies zu erreichen sind umfassende Aufklärungsmaßnahmen notwendig, an denen sich der Staat, die Presse, die Finanzwirtschaft und die Wissenschaft beteiligen sollte.

Staat und Legislative sollten die Entwicklung der Szene beobachten, um bei möglichen Fehlentwicklungen regulierend eingreifen zu können.

Unbestimmt ist noch die Haltung der Akteure im formellen Kapitalmarkt, aber auch die der Business Angels gegenüber Crowdfunding. Für den Ausbau von Crowdfunding für die Early-Stage-Finanzierung wäre es entscheidend, dass Crowdfunding von diesen Akteuren akzeptiert wird und geeignete Schnittstellen geschaffen werden.

2 Einführung

2.1 Vorbemerkungen

Im 18. Jahrhundert verkauften Mozart und Beethoven Konzerte und neue Kompositionen im Vorfeld über Subskriptionen von Musikkennern, um ihre Auftritte und den Druck ihrer Partituren finanzieren zu können.[2] Die Freiheitsstatue von Amerika wurde durch Tausende kleinster bis großer Spenden aus dem amerikanischen und französischen Volk finanziert.[3] 1997 sammelte die britische Band Marillion mit Hilfe des Internets von ihrer Fangemeinde 60.000 US Dollar ein, um damit ihre US-Konzerttour zu ermöglichen. Ein amerikanischer Journalist schreibt gerade an einem Buch über das Verhalten von US-Behörden gegenüber Umweltaktivisten und bittet umweltbewusste Bürger via Internet um Spenden für sein Buchprojekt.[4] Der amerikanische Designer Scott Wilson kreierte ein Plastikarmband, in das das neue Apple iPod Nano eingesetzt und wie eine Armbanduhr getragen werden kann. Für seine Produktion und Vermarktung sammelte er über die Internet-Community fast 1 Mio. US Dollar Spenden ein.[5] Das britische Software-Unternehmen Trampoline Systems suchte auf dem Kapitalmarkt vergeblich nach einer Finanzierung für ein neues Software-Projekt und holte sich dafür schließlich aus der Internet-Gemeinde 260.000 Britische Pfund. Barack Obama sammelte von seinen Anhängern via Internet-Aufruf mehrere Hundert Millionen US Dollar Spenden für seinen Wahlkampf 2008 ein.[6] Wikipedia finanziert seinen laufenden Betrieb u.a. auch durch Spenden der Internet-Nutzer.

Dies sind wenige Beispiele aus einem Spektrum von tausenden älterer und jüngerer Beispiele zur Finanzierung von kleinen und großen Vorhaben sowohl im privaten als auch im geschäftlichen und politischen Bereich. Sie haben alle die Gemeinsamkeit, dass eine mehr oder weniger große Menge von Privatpersonen ("Crowd" genannt) mit eigenen kleinen bis großen Geldbeiträgen zu einem mitunter beachtlichen Gesamtfinanzierungsvolumen beitragen. Derzeit verbreitet sich sehr schnell eine neuartige Form dieser Graswurzel-Finanzierung, das so genannte "Crowdfunding" (im Folgenden auch mit CF abgekürzt). Es ist eine Art Bootstrapping-Mikrofinanzierung, die sich da-

2 Quelle: http://en.wikipedia.org/wiki/Threshold_pledge_system.

3 http://de.wikipedia.org/wiki/Freiheitsstatue (abgerufen am 28.07.2011).

4 Quelle: www.message-online.com/112/heft.html (abgerufen am 14.07.2011).

5 Quelle: www.kickstarter.com/projects/1104350651/tiktok-lunatik-multi-touch-watch-kits?ref=users (abgerufen am 04.02.2011).

6 Quelle: http://en.wikipedia.org/wiki/Barack_Obama_presidential_campaign,_2008 (abgerufen am 14.07.2011).

durch auszeichnet, dass sie insbesondere die Möglichkeiten der sozialen Netze im Web 2.0 nutzt, besonders in den ICT-nahen und in den kreativen Berufen (Film, Musik, Journalismus und Schriftstellerei), aber auch im Bereich sozialer Projekte (Kultursponsoring, Umweltprojekte, Entwicklungshilfe). Sie entwickelte sich quasi als informelle Notlösung zur Seed-Finanzierung von Vorhaben, die sonst keine Finanzierung finden können (weil zu verrückt, zu komplex, zu riskant, zu unausgegoren, zu teurer, noch nicht vermittelbar etc.). Sie wird gern auch als eine alternative, "demokratische" Form der Innovationsfinanzierung bezeichnet.

Im Internet findet sich eine täglich rasant zunehmende Zahl von Links zu Crowdfunding-Inhalten. Dies sind allerdings zumeist Blogs oder Artikel, in denen Meinungen und Kommentare geäußert werden, die jedoch nicht immer kenntnisreich sind. Hier werden teilweise Halbwissen und Missverständnisse verbreitet und u.U. falsche Erwartungen genährt.[7]

2.2 Anlass für diese Untersuchung

Das Fraunhofer-Institut für System- und Innovationsforschung ISI (Fraunhofer ISI) befasst sich seit Jahren mit Instrumenten der Finanzierung von innovativen Unternehmensgründungen (Start-up-Finanzierung). Zu den notorischen, noch ungelösten Problemen gehört die Finanzierungslücke bei Start-ups in der ganz frühen Phase, d. h. vor oder kurz nach der formellen Unternehmensgründung, Frühphasenlücke oder auch "Early-Stage-Gap" genannt. Als Fraunhofer ISI im Herbst 2010 erstmals zufällig auf das Phänomen Crowdfunding aufmerksam wurde, schien es auf der Hand zu liegen, dass Crowdfunding eine zur klassischen Kredit- oder Beteiligungsfinanzierung alternative Finanzierungsform auch für kreative und innovative Start-ups sein kann und damit, sinnvoll entwickelt, auch die leidige Early-Stage-Finanzierungslücke überbrückt werden könnte.

Ähnlich, wie vor 12 Jahren die Business-Angel-Welle aus den angelsächsischen Ländern nach Mitteleuropa herüber schwappte und damals die Erwartungen nährte, dass mit ihr ein großes Finanzierungspotenzial für Gründungsunternehmen gehoben werden könnte, könnte Crowdfunding nun partiell eine ähnliche Rolle übernehmen, vielleicht sogar mit nachhaltigerer Wirkung.

---

7 Beispiel: "Crowdfunding: How to get a free cash advancement in about 90 Minutes". Überschrift in einem Blog am 4.10.2010 (http://www.newyorkfilmfestival.org/crowdfunding-how-to-get-a-free-cash-advance-in-about-90-minutes/).

Bei der näheren Befassung mit diesem Thema stellte sich jedoch bald heraus, dass folgende theoretischen und praktischen Fragen zu klären sind (in Klammern die Verweise auf die Kapitel, in denen die Antworten zu finden sind):

- Wie relevant ist das Themas Crowdfunding für die Unternehmensfinanzierung im Allgemeinen und für innovative Start-ups im Besonderen? (s. Kap. 11).
- Was sind die Charakteristika von Crowdfunding? Wie lässt es sich entsprechend seiner vielen Ausprägungen klassifizieren? (s. Abschnitt 3.3 und 3.4 sowie Kap. 5).
- Lässt sich Crowdfunding als seriöse Early-Stage-Finanzierungsalternative etablieren? (s. Kap. 12).
- Welche rechtlichen Einschränkungen lassen sich identifizieren? (s. Kap. 12 und 13).
- Werden Gesellschaft, Wirtschaft, Staat und Kapitalmarkt Crowdfunding als seriöses Finanzierungsinstrument akzeptieren? (s. Kap. 13 und 14).
- In wieweit könnte staatlicher Intervention zur Regulierung des CF-Marktes notwendig sein? (s. Kap. 13).
- Benötigen CF-Intermediäre ("CF-Plattformen") eine behördliche-Zulassung? (s. Kap. 13).
- Sind Gefahren des Missbrauchs ("moral hazard") zu erkennen? (s. Kap. 14).
- Wie kann die Verbreitung von Crowdfunding unterstützt, ggf. gefördert werden? (s. Kap. 14).

Zur Beantwortung dieser Fragen initiierte Fraunhofer ISI im Herbst 2010 aus eigenen Mitteln eine Untersuchung, deren Ergebnisse in diesem Bericht dargelegt werden.

2.3 Methodischer Ansatz

Das Fraunhofer ISI beschränkte sich in dieser Studie auf neuere Formen des Crowdfunding, die moderne Medien wie Soziale Netzwerke im Web 2.0 nutzen. Primäre Untersuchungsobjekte in der vorliegenden Studie sind daher:

- Innovative **Projekte (Ventures).**[8] Alle innovativen Vorhaben beginnen als Projekte, auch Start-ups. Aber ein Projekt kann auch enden, ohne dass es eine rechtsfähige Einheit neu geschaffen, d.h. beispielsweise ein Unternehmen gegründet wird. Hierzu zählen u.U. auch Innovationsvorhaben in bestehenden Unternehmen oder Institutionen. Denn auch diese werden als Projekte organisiert.

---

8 Hierbei wird der Innovationsbegriff auch im nichttechnischen Sinne angewandt; z.B. neue Geschäfts- oder Betreibermodelle, Dienstleistungsinnovationen etc.

- Innovative Start-ups, d.h. solche, die wir als technologie-, wissens- oder kreativitätsbasierte Unternehmensgründungen bezeichnen.
- Auch gemeinnützige, innovative Vorhaben, durch Crowdfunding finanziert (z.B. Pilotprojekte rationeller Energienutzung; nachhaltige Wasserbewirtschaftung), werden betrachtet, nicht aber soziale Projekte wie Ärzte ohne Grenzen, ein Waisenhaus in Afrika oder konventionelle Infrastrukturprojekte wie Telefonnetzausbau oder Straßenbau in Asien etc.

Zur Beantwortung der Fragen aus Abschnitt 2.2 wurde folgender methodischer Ansatz gewählt.

Literatur- und Datenanalyse: "Amtliche" Daten über den sich gerade erst entwickelnden Crowdfunding-Markt existieren noch nicht; und es finden sich nur sehr wenige wissenschaftliche Studien, die belastbare (repräsentative) empirische Daten hervorgebracht haben. Die Akteure beginnen erst, sich zu organisieren. Daher gibt es noch keine Statistiken über diesen Markt. Unsere Bestandsaufnahme der Crowdfunding-Szene konnte sich also nur auf die Analyse von veröffentlichter Literatur und Online-Foren und -Artikeln im Internet (Blog-Analyse) stützen. Es erwies sich, dass das letztere Medium die Hauptplattform ist, über die Informationen über Crowdfunding und Mikrofinanzierung verbreitet und ausgetauscht werden. Es gibt Hunderte von Blogs, die sich dem Thema widmen. Dagegen ist der Bestand an einschlägiger Literatur, insbesondere wissenschaftlicher, derzeit noch sehr spärlich. Die Ergebnisse der Literaturanalyse werden im folgenden Kapitel zusammengefasst.

Nach der Identifikation wichtiger Akteure war es möglich, CF-Intermediäre näher zu betrachten und **persönliche und telefonische Gespräche** mit "Crowdfundern" (aktiven Unterstützern), Mitgliedern sozialer Netze und mit Finanzierungsexperten im In- und Ausland zu führen, um die empirischen Erfahrungen mit Crowdfunding einzufangen und Chancen und Risiken zu identifizieren, aber auch, um konstruktive Hinweise zu bekommen. Der ursprüngliche Plan, in Fallstudien typische Geschäftsmodelle von CF-Intermediären ausführlich darzustellen, wurde angesichts der großen Vielfalt gänzlich unterschiedlicher Modelle aufgegeben. Stattdessen wurde versucht, typische Elemente der Geschäftsmodelle zu isolieren und in allgemeiner Form zu beschreiben (vgl. Kap. 8).

Ergänzend wurde eine kleine **Interviewstudie** bei einigen ausgewählten Unterstützern von CF-Projekten im Energiebereich durchgeführt, mit dem Ziel, zu Fragen der Motivation von Unterstützern den Forschungsstand aus der Literatur unter Berücksichtigung der bestehenden Erkenntnisse zu erweitern.

Der Projektleiter nahm Teil an dem ersten **Workshop** einer kleinen Interessensgruppe von deutschen CF-Intermediären ("Plattformen"), die sich möglicherweise zu einer Vorform eines Verbandes entwickeln könnte. So konnten Einblicke in die Ziele, Vorgehensweisen und Strategien der Mehrheit derzeit in Deutschland existierender CF-Plattformen gewonnen werden.

Des Weiteren wurde im April 2011 die **Konferenz** "co:funding" besucht, die sich dediziert mit dem Thema Crowdfunding auseinandersetzte.

Obige Informationsquellen ermöglichten u.a. die Identifizierung von Akteuren und Insidern, die Betrachtung der Akteursstrukturen, Einsatzfelder und -potenziale von Crowdfunding, Vorgehensweisen und Geschäftsmodelle von Intermediären und Zahlungssystemanbietern, der politischen und rechtlichen Randbedingungen, Möglichkeiten und Grenzen des CF-Einsatzes und deren Chancen und Risiken bzw. Gefahren sowie die Identifizierung von empirischen CF-Beispielen und deren Systematisierung und Klassifizierung.

Im Mai diesen Jahres wurde im Fraunhofer ISI ein eintägiger **Workshop** mit dem Titel "Crowdfunding innovativer und kreativer Vorhaben – Ein brauchbares Instrument zur Schließung der Frühphasen-Finanzierungslücke?" mit ca. 40 Teilnehmern u.a. aus der aktiven CF-Szene, aus Politik und Wirtschafsförderung, Wissenschaft, Journalismus, Kreativwirtschaft und Finanzwirtschaft veranstaltet, auf dem ausgewählte offene Fragen diskutiert wurden und noch einmal wichtige Erkenntnisse gewonnen wurden.

Die folgende Übersicht fasst den methodischen Ansatz noch einmal zusammen:

- Literaturrecherche und -analyse,
- Informationssuche und Analyse in Webseiten und Blogs,
- Identifikation von über 200 konkreten CF-Beispielen von CF-Plattformen und Kapital suchenden Vorhaben (s. Anhang A2),
- Besuch von zwei CF-Veranstaltungen in Berlin (Workshop und Konferenz,
- Betrachtung ausgewählter CF-Beispiele und schematische Darstellung ihrer Hauptcharakteristika (s. Anhang A1),
- Betrachtung für ausgewählter CF-Beispiele anhand von vorliegenden Informationen und persönlichen und telefonischen Gesprächen mit fünf Gründern und Betreibern von deutschen CF-Plattformen,
- Kommunikation mit einigen ausländischen CF-Plattformen zur Klärung von Einzelfragen zu ihren Geschäftsmodellen,
- Gespräche mit verantwortlichen Akteuren in der CF-Szene,

- Fragebogen gestützte telefonische Befragung von 6 aktiven Unterstützern von zwei "crowdgefundeten" Vorhaben, wobei der Fokus auf den Motiven und Erfahrungen der Unterstützer lag,
- persönliche und telefonische Gespräche mit Szene-Insidern ("Blogger", und Journalisten),
- persönliche und telefonische Gespräche mit Vertretern des Bundeswirtschaftsministerium, der EU-Kommission (DG Enterprise) und mehrerer Landesministerien,
- Durchführung eines eintägigen Workshop in Karlsruhe am 26.Mai 2011,
- Berichtslegung im Juli 2011.

3 Literaturanalyse

Das Thema Crowdfunding ist zu neu, als dass es schon einen großen Fundus an seriösen oder wissenschaftlichen Arbeiten dazu geben könnte. Allerdings sind einige Forschergruppen bereits aufmerksam geworden; es entstehen allmählich Studien-, Master- und Doktorarbeiten zu Crowdfunding oder zu dem mit ihm verwandten Begriff "Crowdsourcing". Auch einige Konferenzen befassen sich mit dem Thema und derzeit liegt der EU-Kommission auch ein diesbezüglicher Projektantrag vor. Es ist also in den nächsten Monaten ein größeres Aufkommen an wissenschaftlichen Arbeiten zu erwarten. Einige Zeitungen haben sowohl in Printversionen wie auch in Online-Ausgaben das Thema Crowdfunding bereits aufgegriffen; diese tragen jedoch wegen fehlender Detailtiefe und unpräziser Recherchen nur wenig zum Erkenntnisgewinn bei. Darüber hinaus ist die Fülle von Artikeln und Beiträgen in Web-Logs ("Blogs") bereits unüberschaubar groß, wenn auch z.T. mit wenig Substanz.

Zu Unternehmens- und Start-up-Finanzierung bzw. – noch allgemeiner – zum Thema Innovationsfinanzierung gibt es seit Jahrzehnten weltweit eine Fülle praxisrelevanter und wissenschaftlicher Literatur. Diese hat zwar höchste Relevanz für das Thema Crowdfunding, an dieser Stelle kann darauf aber nicht näher eingegangen werden.

Viele der derzeit anzutreffenden wissenschaftlichen Artikel befassen sich mit Crowdfunding als Variante oder Untermenge von Crowdsourcing.[9] Tatsächlich stellt sich bei näherer Beschäftigung mit Crowdfunding heraus, dass Crowdsourcing ein häufiges und wichtiges Element im Crowdfunding-Prozess darstellt und dass die Betrachtung von Crowdsourcing von großer Bedeutung für die Entwicklung künftiger Strategien und Businessmodelle "crowdfinanzierten" Unternehmen bzw. von CF-Plattformen haben kann.[10]

Eine Reihe von Autoren verarbeiten empirisches Material zu Crowdfunding, das sie in spezifischen Sektoren gesammelt haben. Diese Sektor-bezogenen Ergebnisse sind nur bedingt verallgemeinerbar, da derzeit jedes Anwendungsfeld von Crowdfunding auf der Basis der jeweiligen Rahmenbedingungen seine eigenen Charakteristika entwickelt. So entwickelt beispielsweise Kappel (2009) anhand der (Pop)Musikindustrie eine interessante Klassifikation von CF-Modellen danach, ob sie ex-ante oder ex-post angewendet werden. (Dieser Ansatz wird in dieser Studie partiell aufgenommen in Abschnitt 8). Wojciechowski (2009) diskutiert das Potenzial der Sozialen Netze (im Web 2.0) zum Nutzen von Hilfsorganisationen und NGOs.

---

9 Vgl. z.B. Geerts (2009) und Kleeman et al. (2008).

10 Siehe hierzu Abschnitt 8.2.1.

Relativ viele Arbeiten befassen sich mit den technischen Funktionalitäten, die neue Software und IuK-Technik im Web 2.0 bieten und mit neuen Features, die daraus für Crowdsourcing und Crowdfunding nutzbar gemacht werden könnten (z.B. Brabham 2008; Kleeman et al. 2008). Viele Prozesse, die heute noch manuelle Zuwendung erfordern, können vermehrt automatisiert werden und reduzieren u.U. die Transaktionskosten auf ein Minimum (z.B. automatisierte Ausstellung von Zahlungsbestätigungen oder von Verträgen, automatisches Handling von Zahlungen und Überweisungen usw.). Kozinets et al. (2008) beschreibt Online-Gruppen und definiert sogenannte Online Creative Consumer Communities (OCCC), die für die Charakterisierung von CF-Akteuren herangezogen werden könnten.

Sehr relevant für das Thema Crowdfunding und Crowdsourcing sind eine Reihe von Psychologiepapieren, insbesondere jene, die Massenphänomene, die Psychologie hinter Mäzenatentum und Spendenbereitschaft und die Theorie der Schwarmintelligenz oder "Wisdom of the Crowd" betreffen. Arbeiten zur Massenpsychologie greifen oft auf Klassiker wie Le Bon (1895), Freud (1921) oder Turner und Killian (1972) zurück. Jüngere Arbeiten von Russ (2007), Surowiecki (2004) oder Wallace (1999) zielen auf neuere Phänomene der Internet-(crowd)-Psychologie. Eine andere große und wichtige Gruppe von Autoren beschäftigt sich mit den individuellen, auch intrinsischen Motiven von Individuen, uneigennützig zu spenden (Brady et al. 2002; Martin/Randal 2009; McClelland/Brooks 2004; Piferi et al. 2006; Schervish/Havens 1997; Wiepking 2010 und andere). Diese Beiträge werden sicher eine zunehmend wichtige Rolle für die Entwicklung neuer CF-Projekte und für das Design neuer CF-Dienstleistungen spielen. Sommeregger (2010) betrachtet die Spendermotivation anhand einer einzigen (deutschen), auf soziale und karitative Projekte spezialisierte CF-Plattform (Betterplace), wobei er auch nach Spendertypen unterscheidet. Ausgehend von 15 Hypothesen entwickelten Harms (2007) in seiner Masterarbeit ein Modell zur Bestimmung der wichtigsten Determinanten, die einen potenziellen Investor eine positive Entscheidung treffen lassen, in ein Vorhaben via Crowdfunding zu investieren. Er entwickelte 10 solcher Haupt-Determinanten und gruppiert sie in 5 "Wertkategorien": finanzieller, funktionaler, sozialer, erkenntnistheoretischer und emotionaler Wert (näheres s. Abschnitt 7.3).

Surowieckis Arbeit von 2004 über die "Weisheit der Masse" ("Wisdom of the Crowd") erwies sich als bahnbrechend zur Entwicklung diverser Thesen und Theorien über die Intelligenz der Masse (der Internet-Nutzer) und wie sie für Entscheidungsprozesse und Problemlösungen eingesetzt werden kann. Viele Crowdsourcing-Elemente bedienen sich dieser Thesen, nicht nur im Bereich Finanzierung. Unternehmen beginnen, die Crowd für Tests neuer Produkte einzusetzen, Marktbedürfnisse zu erkunden, Designvorschläge einzuholen oder, bei Crowdfunding, für CF-Plattformen Rankings von guten und weniger guten CF-Projekten zu erstellen und für die Plattformen so den Selektionsaufwand zu reduzieren.

Crowdfunding hat inzwischen auch Eingang in die Auseinandersetzung um die Finanzierung von Forschung und Wissenschaft gefunden. Leila Sattary schreibt im August 2010 im RSC-Journal:[11]

> *"Over the last 3 years, a number of microfinancing initiatives for science research have emerged in the US. The Open Source Science Project*[12] *allows researchers to propose projects and pitch for funding from the broader online community. Priyan Weerappuli, the project's executive director, believes it is successful in helping researchers find alternative funding sources. 'The project started in a time of funding cuts in the US and intended to give researchers a different funding model and also increase scientific literacy in the public,' he says. ... 'Initially most projects were "pop-science" - subjects that were already in the public eye - but now many projects that are funded are in niche disciplines. Although the way projects are financed differs greatly from the traditional funding routes through government, charity or industry, there are many familiar features. Projects are peer reviewed by experts in their field before they are placed online for funding, a research log must be kept to update the donors on progress and researchers are expected to publish an informal paper on completion. There are also some unique positive aspects to the scheme - researchers retain complete ownership and intellectual property rights and are free to publish as they wish. Although anyone can apply, about 70 per cent of projects on the Open Source Science Project were proposed by university academics."*

Margareta Pagano zitiert diesen Artikel im Oktober 2010 in "The Independent" und ergänzt:[13]

> *"Take microfinancing, or crowd funding as it's known in the US. Cuts to US government funding threes years ago were the catalyst to this kind of donating, whereby Joe Public gives small contributions to research projects chosen by scientists."*

Bisher werden die Aktivitäten im Bereich der Wissenschaftsfinanzierung in der Wissenschaftspresse und in einigen Blogs behandelt, wobei neben der Frage der schwindenden Forschungsressourcen auch die verschiedensten Aspekte wie gesellschaftliche

---

11 Siehe: http://www.rsc.org/chemistryworld/News/2010/August/09081001.asp (abgerufen am 22.07.2011).

12 Näheres dazu siehe Abschnitt 13.4.

13 Siehe http://www.independent.co.uk/news/business/comment/margareta-pagano/margareta-pagano-theres-an-art-to-funding-science-after-the-cuts-2102455.html (abgerufen am 19.07.2011).

Legitimation, gesellschaftliche Partizipation und Kontrolle, Ethik, Demokratisierung der Forschungszielfindung usw. erörtert werden.

Als einer der ersten in Europa befassten sich A. Schwienbacher und Kollegen wissenschaftlich mit Crowdfunding (Lambert/Schwienbacher 2010; Schwienbacher/Larralde, 2010; Larralde/Schwienbacher 2010; Belleflamme et al. (2010), wobei – wie in der vorliegenden Studie – der Hauptfokus auf dem Einsatz von Crowdfunding für die Unternehmensfinanzierung lag. Anhand von Webseiten stellten die Autoren ein Sample mit Daten über von 88 europäischen crowdfinanzierte "entrepreneurial ventures" außerhalb des künstlerischen Sektors zusammen, die keine CF-Plattformen in Anspruch genommen hatten. Dies war die erste bekannt gewordene quantitative Untersuchung mit einer nennenswerten Stichprobengröße in Europa. Ihre Ergebnisse unterstützen einige der für die vorliegende Untersuchung gestellten Fragen wie Relevanz, Projektbasiertheit, Motivation oder Schutz vor Missbrauch (vgl. Kap. 10 ff). Sie entwickeln die Vermutung, dass Crowdfunding für gemeinnützige Projekte eine größere Bedeutung haben wird als für Unternehmensfinanzierung.

Das deutsche private Institut für Kommunikation in sozialen Medien (ikosom) führte zwischen Mai 2010 und April 2011 eine Interview-basierte Studie bei allen sechs damals im deutschsprachigen Raum aktiven CF-Plattformen und bei den 125 durch diese betreuten CF-Projekten durch (Eisfeld-Reschke/Wenzlaff 2011). Diese Daten bilden eine Ergänzung zu jenen von Schwienbacher et al., die Plattform-unabhängige Fälle betrachtet hatten. In Abschnitt 12 wird auf die Ergebnisse von Eisfeld-Reschke/Wenzlaff Bezug genommen.

Der Wissensbestand über Crowdfunding wächst derzeit sehr schnell, nicht zuletzt auch durch eine zunehmende Zahl von Konferenzen, seriös recherchierten Zeitungsartikeln und Studien, Master- und Doktorarbeiten. Fast alle wichtigen Aspekte im Zusammenhang mit Crowdfunding werden behandelt, Details über konkrete CF-Fälle und über Businessmodelle von CF-Plattformen werden bekannt. Auch der Umfang belastbarer statistischer Daten wird zunehmen, sowohl auf der Ebene der Projektinitiatoren oder Gründer von Start-ups, die Crowdfunding nutzen (wollen) oder genutzt haben, auf der Ebene von Unterstützern ("Crowdfundern"), als auch auf der Ebene von CF-Plattformen. Wenig ist derzeit noch bekannt über die Position von Akteuren aus dem klassischen Kapitalmarkt (Banken, Beteiligungskapitalfonds bzw. -managern, Investoren, Business Angels) gegenüber Crowdfunding.

4 Beschreibung des Phänomens Crowdfunding

4.1 Entstehungsgeschichte und "Crowdfunding" versus "Crowdsourcing"

Sowohl der Begriff, als auch das Konzept Crowdfunding stehen in starker Abhängigkeit zum Begriff "Crowdsourcing". Crowdsourcing wird nachweislich erstmals am 14.06.2006 von Jeff Howe im Wired Magazine erwähnt und entwickelte sich aus den Teilbegriffen "Outsourcing" und "Crowd". Bei Crowdsourcing werden einzelne unternehmerische Aufgaben wie Beschaffung von fachlicher Expertise und sonstigen Know-hows nicht, wie beim Outsourcing, an andere Unternehmen vergeben, sondern an eine große Anzahl von Privatpersonen über das Internet ausgelagert.[14] Howe beschreibt in seinem Artikel auch erste Ansätze von Crowdfunding als Teilkonzept des Crowdsourcing, ohne jedoch den Begriff zu verwenden. Wikipedia zufolge wird der Begriff "Crowdfunding" jedoch erstmals am 12.08.2006 von Michael Sullivan, im Blog "fundavlog"[15], im Zusammenhang mit der Musikplattform SellaBand[16] verwendet. Suchanfragen bei Google nach dem Begriff Crowdfunding zeigen ebenfalls, dass die Benutzung des Begriffs erst ab 2006 erkennbar wird und anschließend exponentiell zunimmt:

Abbildung 1: Dynamik des Auftretens des Begriffs Crowdfunding im Internet

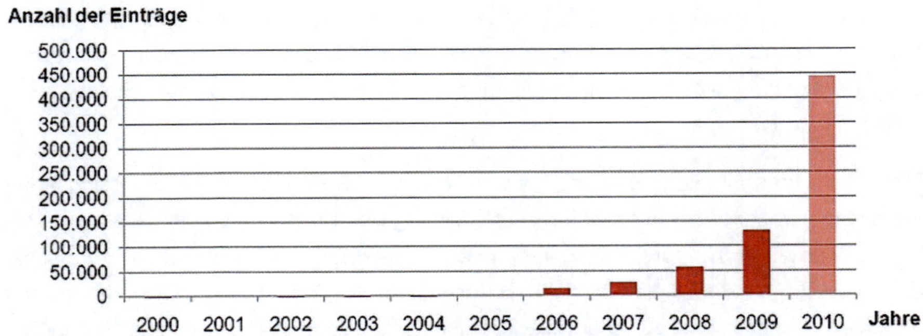

Quelle: http://upload.wikimedia.org/wikipedia/commons/d/d1/Crowdfunding-history.JPG

14 Quelle: http://www.wired.com/wired/archive/14.06/crowds.html (abgerufen am 06.04.2011).

15 Webseite existiert nicht mehr.

16 S. Anhang A1.

4.2 Begriffliche Abgrenzungen

Da das CF-Thema derzeit eine große Dynamik im Internet entwickelt, kursieren je nach Anwendungsfeld auch unterschiedliche Begrifflichkeiten. Die Web 2.0-Community oder "Blogosphäre" generiert laufend neue Begriffe, die selten eindeutig von einander abgegrenzt sind. Zu diesen Begriffen gehören Mikrofinanzierung, P2P-Finanzierung ("peer-to-peer") oder "Peer Funding" (etwa: "Gleiche finanzieren Gleiche"). Damit werden basisdemokratische Finanzierungsformen beschrieben, bei denen sich Geldgeber und -empfänger weitgehend auf gleicher Augenhöhe gegenübertreten. P2P und Crowdfunding sind aber durchaus nicht gleichzusetzen, denn bei vielen CF-Vorhaben treffen Mikro-Unterstützer auch auf institutionelle Großsponsoren.

Einfach ausgedrückt, kann Crowdfunding definiert werden als Finanzierung eines Projekts oder eines Ventures (Unternehmen oder "Wagnis") durch eine Gruppe von nichtprofessionellen Individuen anstelle von professionellen Parteien (z.B. Förderagenturen, Banken, VC-Fonds oder Privatinvestoren). Diese Definition bleibt sehr breit und schließt eine Reihe von Projekten ein, die im Rahmen der Innovationsfinanzierung keine Rolle spielen. Dabei ist das Spektrum an möglichen Projekten zur Finanzierung via Crowdfunding breit. Zahlreiche Beispiele für CF-Projekte finden sich sowohl im gemeinnützigen, wie auch im gewinnorientierten Bereich (siehe auch Beispiele im Anhang A1). So können Start-ups, die gewinnorientiert sind, durch die "crowd gefundet" sein. Es gibt jedoch Beispiele für gemeinnützige, innovative Vorhaben, die durch Crowdfunding finanziert werden (z.B. Pilotprojekte rationeller Energienutzung; nachhaltige Wasserbewirtschaftung). Darüber hinaus wird der Begriff "innovative Vorhaben" auch im nichttechnischen Sinne angewandt (z.B. neue Geschäfts- oder Betreibermodelle).

Der Begriff des Crowdfunding ist – wie erwähnt – an den des Crowdsourcing angelehnt. Eine wesentliche Rolle bei der Entwicklung des Letzteren spielte das interaktive Web 2.0 bzw. die Nutzung der sogenannten Social Media. Die wichtigste Eigenschaft des Web 2.0 ist dabei die Möglichkeit der Nutzer zur individuellen Generierung von (digitalen) Inhalten und vor allem die Fähigkeit, diese über selbst erstellte Plattformen zu verbreiten und zu diskutieren. Insbesondere Blogs, Wikis und die sogenannten "Sozialen Netze" wie Facebook, Twitter u.a. nehmen dabei eine wesentliche Rolle als Kommunikationsinstrumente ein. Diese spielen auch im Kontext des Crowdfunding eine zentrale Rolle und werden zunehmend von Intermediären zur Vermittlung von Finanzierungsbeiträgen in unterschiedlicher Form genutzt. Lambert/Schwienbacher (2010) präzisieren daher die Definition von Crowdfunding um das Internet als neues Instrument zur Akquise von Kapital. Zusätzlich führen sie eine Unterscheidung in Spenden und sonstige finanzielle/materielle Zuwendungen gegen Gegenleistung und/oder Stimmanteile aus der Crowd ein, was hier in den Abschnitten 4.4 ff weiterentwickelt wird.

Je nach individuellem Umfeld verwenden selbst CF-Insider den Begriff uneinheitlich und machen eigenwillige Unterscheidungen und Abgrenzungen.[17] Fraunhofer ISI bevorzugt eine breitere Arbeitsdefinition und lehnt sich an Lambert/Schwienbacher (2010) an wie folgt:

Crowdfunding ist eine Finanzierungsform, die im Wesentlichen über einen öffentlichen Aufruf im Web 2.0 erfolgt und zum Ziel hat, finanzielle Ressourcen für ein Vorhaben entweder ohne Gegenleistung oder gegen irgendeine Art von Gegenleistung (finanzielle/materielle Vergütung, immaterielle, ideelle Leistungen und/oder Rechte, z.B. Stimmrechte) zu erhalten und damit einen bestimmten Zweck zu erreichen.

4.3 Das Konzept "Crowdfunding"

Auch wenn der Begriff Crowdfunding erst 2006 gebräuchlich wurde, ist das dahinter liegende Konzept der Finanzierung durch eine große Zahl von Unterstützern mit kleinen Beiträgen schon wesentlich früher genutzt worden, auch wenn das Internet hierbei noch keine oder nur eine geringe Rolle spielte (siehe auch die Beispiele zu Beginn der Einleitung dieses Berichts):

- Die Grundelemente von Crowdfunding haben – natürlich unter anderem Namen – historisch eine lange Tradition. So finanzierten berühmte Komponisten wie Mozart und Beethoven Premierenkonzerte oder den Druck ihrer Kompositionen durch a-priori-Subskriptionen: Sie verpflichteten eine festgelegte Zahl von Subskribienten zur Zahlung einer vorher festgelegten Summe, damit das Konzert oder die Veröffentlichung finanziert werden und damit stattfinden konnte. Die Subskribienten erhielten exklusiven Zugang zu den Werken.[18]
- Die Freiheitsstatue von Amerika wurde durch ähnliche Konzepte wie beim "modernen" Crowdfunding vorfinanziert. Während Frankreich die Statue baute, sollten die USA den Sockel stellen. Nachdem finanzielle Mittel gestrichen wurden, rief der Herausgeber der Zeitung New York World zu einer Spendenaktion auf und versprach jeden Spender unabhängig von der Höhe des Betrags namentlich zu nennen.

17 So beschränkt das private Institut Ikosom Crowdfunding nur auf Spenden und schließt Sponsoring und andere Finanzierungsarten aus Institut für Kommunikation in sozialen Medien (ikosom) (2011: 4).

18 http://www.hyperion-records.co.uk/al.asp?al=CDH55333&f=Mozart:%20Piano%20Concertos%2011 (abgerufen am 14.03.2011).

120.000 Spender spendeten 102.000 US Dollar; 80% der Gesamtsumme setzte sich somit aus Spenden von unter einem Dollar zusammen. Auf der französischen Seite wurden 250.000 Francs durch Spenden, dem Verkauf von Modellen, Eintrittskarten zur Werkstatt des Künstlers und einer Lotterie gesammelt.[19]

- 1997 sammelte die britische Band Marillion mit Hilfe des Internets von ihrer Fangemeinde 60.000 Dollar ein, um damit ihre US-Konzerttour zu finanzieren.
- Bereits im Jahr 2000 wurde ArtistShare gegründet, eine Plattform, die es Musikern mit Hilfe ihrer Fans ermöglichen sollte, die nötigen finanziellen Mittel für die Produktion eines Studioalbums zu sammeln. Je nach der Höhe seines Beitrags winkten einem Unterstützer beispielsweise eine signierte CD oder ein Studiobesuch als Gegenleistung.
- Die jüngeren Beispiele, die Internet als Medium nutzen, entstammen Einsatzfeldern wie Journalismus (spot.us), Musik (SellaBand), Filmindustrie (berühmt geworden ist das Beispiel des Films "The Age of Stupid"), weil gerade in diesen Bereichen über Interesse und Begeisterungsfähigkeit die Unterstützung von Fans gesichert werden kann.

Diese Beispiele, die schnell eine große Popularität fanden, regten die Fantasie vieler Nachahmer an. Ein exotisches Beispiel ist die MillionDollarHompage, mit der ein Student sein Studium finanzieren wollte.[20] Durch diese Entwicklung wurden kreative Impulse für eine inzwischen nicht mehr übersehbare Vielfalt von neuen Einsatzgebieten, Zwecken, Konzepten, Businessmodellen etc. gesetzt.

4.4 Mikrofinanzierung

4.4.1 Grundsätzliche Merkmale

Als Mikrofinanzierung werden finanzielle Basisdienstleistungen wie Kredite, Sparverträge oder Versicherungspolicen für Kunden verstanden, die von herkömmlichen Finanzinstituten aus verschiedenen Gründen nicht bedient werden (z.B. weil die Beträge zu klein, die Sicherheiten unzureichend, die Rückzahlungsrisiken zu groß, die persönlichen Verhältnisse zu instabil uvm.). Populär geworden ist Mikrofinanzierung in den letzten zwei Jahrzehnten für die Armutsbekämpfung, insbesondere in Entwicklungsländern, und wurde ein wichtiges Instrument der Entwicklungspolitik. Eigenartigerweise wird in der Literatur und in den Medien Mikrofinanzierung fast durchweg mit Mikro-

---

19 Quelle: http://de.wikipedia.org/wiki/Freiheitsstatue (abgerufen am 28.07.2011).

20 Vgl. Darstellung im Anhang A1.

Krediten gleichgesetzt, obwohl diese nur eine, wenn auch verbreitete Teilmenge darstellen.

Der Begriff Mikrofinanzierung leitete sich ursprünglich ab von dem kleinen Volumen der Endsumme: Als Mikrofinanzierung wird daher bisher jede Finanzierung von Vorhaben mit kleinem bis kleinstem Kapitalbedarf als Darlehen, Spenden oder Beteiligungen sowohl durch Individuen als auch Institutionen bezeichnet. Die Zahl der Geldgeber und deren Finanzierungsbeitrag spielt hierbei noch keine Rolle. Etabliert haben sich inzwischen weltweit sogenannte Mikrofinanzinstitute, die – häufig gewerbsmäßig – als einziger Geldgeber oder evtl. im Verbund mit anderen Institutionen oder dem Staat verzinsliche Kleinstkredite vergeben.

4.4.2 Crowdfunding als "Klingelbeutel-Prinzip"

Das logische Spiegelmodell zum herkömmlichen Mikrofinanzierungsbegriff stellen die Finanzierungen dar, bei denen die Kredit- oder sonstigen Unterstützungsbeträge selbst aus sehr vielen kleinen und kleinsten Portionen zusammengesetzt sind und notwendigerweise von vielen Mikro-Geldgebern kommen müssen, ähnlich wie mit dem klassischen "Klingelbeutel" oder der Spendenbüchse gesammelt wird. Diese Variante der Mikrofinanzierung ist, auch wenn der Begriff relativ neu ist, westlichen Gesellschaften doch seiner Natur nach wohlbekannt, wie die folgenden, nicht erschöpfenden Beispiele zeigen:

- "Klingelbeutelsammlung": Klassische Bargeldsammlung auf Straßen, in Kirchen (Misereor, Brot für die Welt) oder an Haustüren (Hl. Drei Könige),
- NGOs wie Greenpeace, Mütterhilfswerk, Rotes Kreuz, Ärzte ohne Grenzen oder andere soziale Initiativen verschicken Werbematerial mit Überweisungsvordrucken,
- Interaktive TV-Gala-Events zur Sammlung von kleinen bis großen Spenden für Naturkatastrophen oder benachteiligte soziale Gruppen,
- TV- und Rundfunkanstalten nennen in ihren Programmen Spendenkonten als Hilfe für diverse soziale Projekte oder Naturkatastrophen.

Diese Art der Mikrofinanzierung ist grundsätzlich auch bei großen Finanzierungsvolumina möglich, wenn die Zahl der Mikro-Geldgeber entsprechend hoch ist. **Das ist das Wesen von Crowdfunding,** was durch folgende Beispiele illustriert werden soll:

- Online Spenden und Mikro-Beteiligungen in Höhe von über 450.000 Pfund Sterling an dem Filmprojekt *"The Age of Stupid",* das sich mit der globalen Erwärmung befasste,[21]

21 Quelle: Landeshauptstadt Stuttgart (2010).

- 1.000 Mikrospenden à 10 Euro aus der Web-Community an einen Schriftsteller, um einen Online-Roman zu schreiben,
- Hunderte Millionen US Dollar aus Web-Mikrospenden für Obamas Präsidentschaftswahlkampf 2008,[22]
- Mikrospenden via SMS an den Freiburger Münsterbauverein,[23]
- "Existenzhilfe" für den britischen Studenten Alex Tew durch zig-tausendfachen Verkauf von Pixels auf seiner Webseite für beliebige Werbezwecke (MillionDollarHomepage)[24],
- Private Online-Kleinstspenden von 1.000 Individuen à 10 Euro für ein Entwicklungshilfeprojekt in Lateinamerika.

Noch nicht definiert ist der Betrag, der "mikro" von "klein" unterscheidet, d.h. es hängt offenbar von den Bedingungen des Einzelfalls (vom Gesamtfinanzierungsbedarf, von Zahl, Art und Zusammensetzung der Geldgeber, Usancen im jeweiligen Einsatzfeld etc.) ab, ob es sich um kleine oder gar Mikrobeträge handelt.

---

22 Quelle: http://en.wikipedia.org/Barack_Obama_presidential_campaign_2008 (abgerufen am 14.7. 2011).

23 Vgl. Info in Anhang A1.

24 http://www.milliondollarhomepage.com/ (abgerufen am 28.07.2011). Vgl. Abbildung 2.

Abbildung 2: Die aktuell verkauften Pixels der MillionDollarHompage von Alex Tew[25]

4.4.3 Crowdfunding im Spektrum der Finanzierungsinstrumente

Crowdfunding ist eine junge Variante der Mikrofinanzierung; sie zeichnet sich aus durch eine große, oft, aber nicht notwendigerweise, anonyme Zahl von individuellen Geldgebern (die "Crowd"). Der Begriff ist von seinen Wortbestandteilen her zu verstehen: "Crowd" als große Menge von Individuen, die als "Funder", also Finanzierer eines Vorhabens auftreten (wollen). Welcher Art diese Crowd und welcher Art die Finanzierung ist, bleibt hierbei zunächst unbestimmt.

Grundsätzlich kann Crowdfunding in seiner reinsten Form viele Ausprägungen annehmen, die sich an den klassischen Finanzierungsarten orientieren. Deshalb schlagen wir zwecks klarerer Unterscheidung folgende Nomenklatur für diese Ausprägungen von Crowdfunding vor:

---

25 Quelle: http://www.milliondollarhomepage.com (abgerufen am 30.07.2011).

- **Crowd-Spende:** Mikrospende,
- **Crowd-Zuwendung:** Mikrozuschüsse oder -zuwendungen,
- **Crowd-Sponsoring:** Mikrosponsoring,
- **Crowd-Pre-Selling oder Crowd-Pre-Ordering:** Vorab-Kauf eines zu produziereden Produkts/einer Dienstleistung,
- **Crowd-Darlehen oder Crowd-Kredite:** Mikro-Kredite,
- **Crowd-Investments oder Crowd-Equity:** Mikro-Beteiligungen (im Folgenden auch mit "Micro-Equity" bezeichnet),
- und Zwischenformen.

Dabei begrenzt oft der administrative Aufwand, d.h. die Höhe der Transaktionskosten, der mit der Abwicklung dieser Finanzierungsarten verbunden ist (insbesondere bei Beteiligungsabschlüssen und -verträgen) die Einsatzmöglichkeiten von Crowdfunding, denn für Mikrobeträge von wenigen Euro müssten entweder die Transaktionskosten gegen Null gehen oder die Geldgeber tragen auch diese Kosten, damit eine positive Netto-Summe erzielt werden kann.

4.5 Formen der Gegenleistungen (Rewards)

Auch wenn bei den meisten Geldgebern im Bereich des Crowdfunding nicht monetäre bzw. nicht materielle Gründe den Anreiz zur Teilnahme bilden, so können Gegenleistungen verschiedener Art doch letztendlich der Auslöser sein. Diese Gegenleistungen hängen von den verschiedenen Methoden der Finanzierung ab und sind damit ebenfalls sehr vielfältig.

Aus der Sicht des Geldgebers vollzieht er ein wechselseitiges Geschäft, wenn er Kapital bereitstellt (Leistung) und im Gegenzug später eine von der Art des Geschäftes abhängige Leistung erhält (Gegenleistung). Das haben die verschiedenen Finanzierungsarten und damit auch Vertragstypen gemeinsam. Bei der Spende gibt es die Besonderheit, dass keine Verpflichtung zur Gegenleistung besteht, diese aber auf freiwilliger Basis zumeist angeboten wird. Gegenleistungen können bei Crowdfunding ganz unterschiedlich aussehen, das heißt sie können auch nicht-monetärer Natur sein, wie im Folgenden illustriert wird:

4.5.1 Prämie oder "Dankeschön"

Prämien oder "Dankeschöns" sind die wahrscheinlich am weitesten verbreitete Form der Gegenleistung beim Crowdfunding. In der gegenwärtigen empirischen Praxis sind es nur nicht-monetäre Prämien. Das ist ein Basiselement der meisten (projektbasierten) Crowdfunding-Plattformen wie Kickstarter ("rewards"), MySherpas ("Prämien"), Startnext ("Dankeschön"), IndieGoGo ("perks"), RocketHub ("rewards") usw.

Die Prämien variieren dabei schon innerhalb eines Projekts und sind dabei nach der Höhe des Spenderbeitrags gestaffelt. Sie reichen von einfachen Danksagungen auf einer Homepage, namentlicher Erwähnung ("Credits") im Abspann eines Filmes oder auf dem Cover einer CD über Zurverfügungsstellung (limitierter) Exemplare des geplanten Produkts bis zu Eintrittskarten der geplanten Veranstaltung (Konzert, Ausstellung). Der Kreativität der Initiatoren ist dabei fast keine Grenze gesetzt.

4.5.2 Rückzahlung

Die (monetäre) Rückzahlung als "Gegenleistung" setzt von vorneherein eine grundsätzlich andere Form der Finanzierung voraus, da es sich nicht um eine Spende oder Schenkung sondern um einen Kredit handelt (siehe auch Abschnitt 8.1.1). Während bei karitativen Social Lending Plattformen wie Kiva der Kredit oder die Spendensumme wohltätigen Zwecken zugute kommt und daher meist zinsfrei ist, sind die allgemeinen Peer-to-Peer-Kredite wie beim amerikanischen 40billions.com oder dem deutschen smava normale, verzinsliche Darlehen.

4.5.3 Gewinnanteil (Revenue Sharing & Dividende)

Mit Gewinnanteil bezeichnen wir allgemein den Fall, dass der Investor einen Teil des erwirtschafteten Gewinns als Gegenleistung erhält. Zu unterscheiden ist bei diesem Konzept einmal die Gewinnausschüttung für GmbH-Anteile, die Dividende als Gewinnausschüttung einer Genossenschaft oder Aktiengesellschaft und das von der Unternehmensform unabhängige Konzept des Revenue Sharing.

Revenue Sharing (Gewinnbeteiligung): Der englische Begriff Revenue Sharing ist etwas allgemeiner als im Deutschen der Begriff der Gewinnbeteiligung, da diese Bezeichnung im engeren Sinne eine Form des Arbeitsentgelts für Mitarbeiter bezeichnet. Revenue Sharing soll damit eine Abgrenzung zur Dividende und Kapitalbeteiligung darstellen. Die noch im Aufbau befindliche Webseite RevenueTrades[26] verfolgt beispielsweise eine solche Form der Gegenleistung. Der Geldgeber an dem Crowdfunding-Projekt ist kein echter Anteilseigner des Unternehmens bzw. Projekts, hat also keinerlei Mitspracherecht, ist aber auch kein Mitarbeiter des Unternehmens. Er erhält jedoch je nach Höhe seiner Einlage für einen fest vorgeschriebenen Zeitraum einen Anteil am erwirtschafteten Gewinn.

---

26 Siehe http://revenuetrades.tumblr.com/about (abgerufen am 19.07.2011).

Dividende: Von der Definition her ist die Dividende ein Teil des Gewinns, den Aktiengesellschaften an ihre Aktionäre oder Genossenschaften an ihre Mitglieder ausschütten. Im klassischen Sinne wäre sie also nicht als eine Gegenleistung für Crowdfunding zu verstehen. Da aber diese beiden Ausschüttungsformen über Möglichkeiten des Web 2.0 einen fließenden Übergang zum Crowdfunding bilden, wird die Dividende auch als eine Möglichkeit der Gegenleistung mit aufgeführt. Beispiele dafür sind Trampoline Systems Ltd. und Media No Mad, sowie Hotel Choclat, die durch ihre "süße Dividende" in Form von Schokoladenkonfekten mit den Dividenden einer Genossenschaft zu vergleichen sind.

4.5.4 Mitspracherecht und Stimmrecht

Ergänzend kann als Gegenleistung mit den eben genannten finanziellen Rewards natürlich auch ein Mitsprache- bzw. Stimmrecht mit der Unternehmensbeteiligung verbunden sein. Beispiele hierfür sind investiere.ch, Wiseed.fr oder seedmatch.de, bei denen die Plattform als eine Art Vermittler von Venture Capital auftritt.

5 Entwicklungsphasen, Early-Stage und Mix bei der Start-up-Finanzierung

5.1 Allgemeines Phasenschema

Die Finanzierung eines innovativen oder kreativen Vorhabens (Projekts oder Gründung einer auf Dauer angelegten Organisationseinheit) verläuft in unterschiedlichen Phasen, je nachdem, wer der Initiator ist, ob eine organisatorische Einheit wie ein Unternehmen entstehen soll, ob ein Individuum oder eine bestehende Einheit ein einzelnes Vorhaben realisieren will, ob ein Intermediär als Dienstleister eingeschaltet werden soll oder ob der Initiator alle Aufgaben selbst übernimmt.

Es gibt auf einer sehr allgemeinen Ebene **Phasen**, die für alle zu finanzierenden innovativen Vorhaben zu durchlaufen sind. Dabei ist grundsätzlich zwischen einer Projektphase, einer Gründungsphase und einer (u.U. dauerhaften) Betriebsphase zu unterscheiden. Die Projektphase steht immer am Anfang, unabhängig davon, ob später die permanente Gründung einer institutionellen Einheit (z.B. ein Unternehmen, Forschungsinstitut, ein Verein etc.) beabsichtigt ist oder nicht. Im Verlauf einer Projektphase kann es mehrere Finanzierungsrunden geben.

Entwickelt sich das Projekt zufriedenstellend oder erweist sich das entwickelte Produkt oder die entwickelte Dienstleistung sogar so vielversprechend, dass es/sie weiter oder auf Dauer am Markt angeboten werden könnte, stellt sich nun den Initiatoren die Frage, ob sie eine permanente Organisationseinheit schaffen sollten, d.h. entweder eine Abteilung oder Division in einer bestehenden Einrichtung, oder ein selbständiges Institut, eine Stiftung, ein Unternehmen, einen Verein oder ein Unternehmen. In diesem Fall würde sich jetzt eine Gründungsphase anschließen, die im positiven Fall mit der formal(rechtlichen) Gründung eines Unternehmens, einer Stiftung, eines Vereins usw. abgeschlossen wird.

Anschließend beginnt der operative Geschäftsbetrieb oder die Betriebsphase. Sie ist normalerweise nicht zeitlich begrenzt. Am Anfang der Betriebsphase steht i.d.R. immer eine Aufbauphase, in der die Organisation und das Team aufgebaut werden. Die Vorgründungs- oder Projektphase und die Aufbauphase werden in der Unternehmensfinanzierung oft als **"Early-Stage-Phase"** bezeichnet.

Die Weiterentwicklung vollzieht sich im Idealfall in einer Wachstums- oder **Expansionsphase**. Diese und folgende Phasen sind i.d.R. für Crowdfunding nicht relevant, sodass sie hier nicht weiter betrachtet werden.

Die Reihenfolge der Phasen kann im Einzelfall von obiger Darstellung abweichen; manche Phasen verlaufen auch parallel. Manche Phasen können im Einzelfall auch verschwindend kurz sein, z.B. die Entwicklungsphase, wenn ein Unternehmen sein "Produkt" schon (fast) fertig entwickelt hat. Dennoch sind i.d.R. minimale Entwicklungs- oder Anpassarbeiten vonnöten, um die Markteinführung wagen zu können.

5.2 Finanzierungsmix nach Entwicklungsphasen

Unternehmen nehmen je nach Entwicklungsphase, in der sie sich befinden, unterschiedliche Finanzierungsquellen in Anspruch; das gilt auch für solche in der Early-Stage-Phase. Hierbei ist zwischen **informellem und formellem Kapital** zu unterscheiden. Das Letztere ist gekennzeichnet durch institutionelle Geldgeber (Staat als Förderer, Banken, Investmentgesellschaften oder VC-Fonds, Versicherungen, Unternehmen, die in andere investieren u.ä.) und durch stark standardisierte und durch Gesetze regulierte Prozeduren und Formate. Das informelle Kapital baut auf weniger geregelte Strukturen und Prozeduren, betrifft weniger institutionelle Geldgeber, sondern oft Individuen (z.B. Fans, Freunde, Familienmitglieder, Business Angels, Mäzene) und eignet sich besonders für kleinvolumige, flexible und schnelle Finanzierungslösungen in der Frühphase der Unternehmen. Nicht zufällig hängen diese unterschiedlichen Präferenzen der formellen und informellen Kapitalgeber mit dem Risiko der jeweiligen Finanzierungsphase zusammen. Die institutionellen Geldgeber versuchen so weit wie möglich, Risiken zu minimieren und ihre Renditen zu maximieren. Das gelingt in späteren Unternehmensphasen besser, da dann die Risiken geringer, überschaubar und kalkulierbar und die Skalengewinne höher sind. Anders in der Frühphase: Das Innovationsprojekt birgt noch technische und marktliche Risiken, das Managementteam ist noch unerfahren und die Gesamtfinanzierung noch lückenhaft, sodass auf die (wenigen) Geldgeber relativ große Pro-Kopf-Risiken entfallen.

Gegenwärtig haben Unternehmensgründungen oder innovative Projekte eine relativ gute Auswahl unter möglichen informellen Geldgebern, wie Abbildung 3 zeigt.

In allen Fällen sollte eine Unternehmensfinanzierung diversifiziert sein, insbesondere ein Start-up sollte sich – neben den unvermeidlichen Eigenmitteln – nicht nur auf eine Quelle abstützen, was leider noch zu häufig geschieht: Sie suchen z.B. nur staatliche Förderung, evtl. plus Bankkredite oder nur Bankkredite oder Venture Capital etc.

Wir sprechen vom **Finanzierungsmix**, der je nach Entwicklungsphase (und je nach individuellen Sachverhalten) eine andere Optimalstruktur hat.

Abbildung 3: Haupttypen von informellen Kapitalgebern

Typen	Beispiele	Merkmale
FFFFF	Gründer (founders), Freunde, Familienmitglieder, Fans und Narren (fools)	Persönliche, emotionale Beziehung zum Initiator
Anhänger, Idealisten	Mitglieder spezifischer Communities (politische Parteien, soziale Netzwerke, Weltanschauungsgemeinschaften, politische Bewegungen ...)	enthusiastisch über die Idee des Projekts, jedoch ohne emotionelle Bindung an dessen Initiator
Philanthropen, Altruisten	Erfolgreiche Unternehmer, Topmanager, Künstler oder Politiker, Banken, Unternehmen oder gemeinnützige Organisationen	besitzen starken öffentlichen Einfluss, unterstützen die Idee oder das Projekt aus sozialen oder politischen Gründen und/oder zwecks Imagewerbung
Nutznießer, Sachpromotoren	Unternehmer, Lobbyisten, Politiker, versch. gesellschaftl. Gruppen etc.	halten Idee oder Projekt rational für nützlich, profitieren selbst davon, halten sich aber im Hintergrund
Business Angels	Alle obigen, sofern sie als Individuen investieren (außer Familienmitgliedern)	alle obigen Merkmale, bieten Rat und Expertise, suchen aber finanzielle Rendite

Quelle: Fraunhofer ISI

Je älter das Unternehmen, desto stärker wird die Rolle formeller Kapitalquellen. Folgende Abbildung zeigt, wann die unterschiedlichen Finanzierungsquellen idealerweise im Verlauf eines Unternehmensaufbaus in Frage kommen.

Abbildung 4: Idealer Mix komplementärer Finanzierungsquellen einer Unternehmensgründung

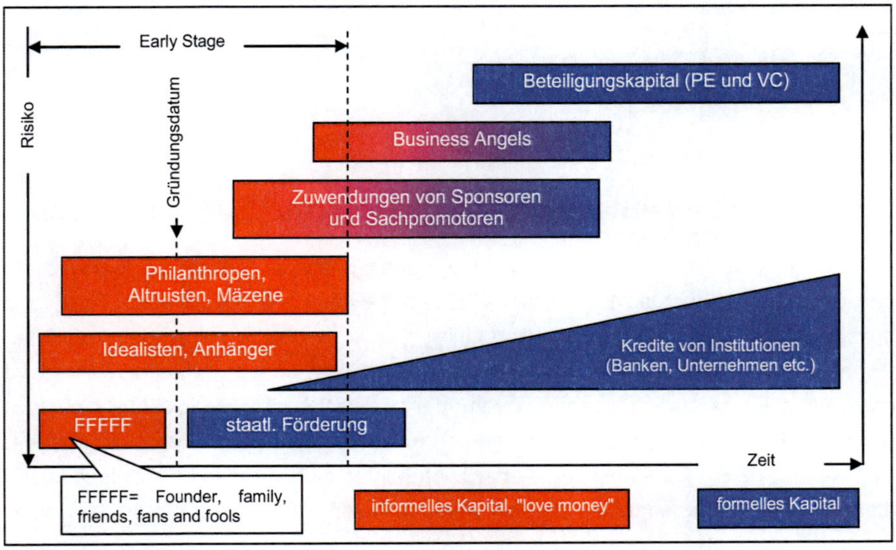

Quelle: Fraunhofer ISI

Wie man an diesem Bild erkennen kann, kommt jeder Typ von Geldgeber nur für einen Ausschnitt aus den Finanzierungsinstrumenten infrage, sodass sich ein optimaler Finanzierungsmix nur darstellen lässt, wenn verschiedene Geldgeber in bestimmten Phasen komplementär zueinander zusammenwirken. Die folgende Tabelle gibt eine Übersicht über die üblichen Finanzierungsinstrumente, die die unterschiedlichen Geldgeber üblicherweise einsetzen.

Abbildung 5: Hauptformen von Start-up-Finanzierungsinstrumenten nach Haupttypen von Kapitalgebern

	Typen	**Zuschüsse Spenden**	**Pre-Selling**	**Kredite**	**Mezza-nine**	**Equity**	**IPO, Aktien**
Informelle Quellen	FFFFF	■	▪	▪		■	
	Anhänger, Idealisten	■	▪				
	Philanthropen, Altruisten	■	?	▪		▪	▪
	Nutznießer, Sachpromotoren	■	?	▪		▪	■
	Business Angels	▪	?	■	▪	■	
Formelle Quellen	Corporate Venturing, CVC (Unternehmen)	▪		■	▪	■	■
	Seed Capital und VC			■	▪	■	▪
	Banken, Sparkassen	▪		■	■	■	■
	Staat, öffentl. Förderer	■		■	▪	■	■
	Supranationale Organisationen (EU, UN, Weltbank...)	■		■			
	Private Anteilseigner		?	▪	▪	■	■

Quelle: Fraunhofer ISI

5.3 Die Early-Stage-Finanzierungslücke (Early-Stage-Gap)

Für Start-ups ist die Gründungs- und Vorgründungsphase die kritischste. Sie wird auf dem Kapitalmarkt auch als Early-Stage-Phase bezeichnet (sie verläuft in der Abbildung bis zur zweiten gestrichelten vertikalen Linie). Sie ist einerseits wegen der erwähnten technischen, marktlichen und qualifikatorischen Risiken kritisch, andererseits – und damit kausal zusammenhängend – wegen der notorischen Schwierigkeiten, eine ausreichende Finanzierung in einem geeigneten Finanzierungsmix zu Stande zu bringen. Seit Anfang dieses Jahrtausends ziehen sich immer mehr formelle Kapitalgeber aus dieser Phase zurück, sogar die Banken, die in früheren Jahren mit Krediten die Hauptfinanzierungsquelle für Unternehmensgründungen dargestellt hatten. Es verbleiben nicht nur in Mitteleuropa oft nur die informellen Geldgeber (vor allem Familie und Freunde) und – gewissermaßen als "letzter Hafen" – die staatliche Förderung. Dieses Fehlen von Frühphasenfinanzierern wird weltweit als "Early-Stage-Gap" (Frühphasen-Finanzierungslücke) bezeichnet.

Abbildung 6: Die Lücke in Frühphasenfinanzierung (Early-Stage-Gap)

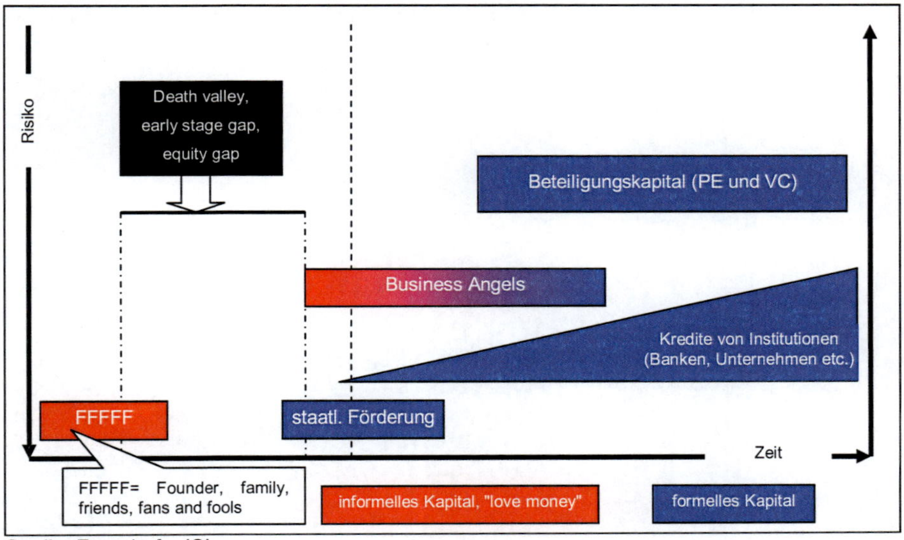

Quelle: Fraunhofer ISI

Als überall in Mitteleuropa Ende der 1990er Jahre mit staatlicher Unterstützung die Business Angels Szene mobilisiert wurde, stand dahinter auch die Erwartung, dass Business Angels (informelle Privatinvestoren) einen wesentlichen Beitrag zur Deckung der Frühphasenlücke würden leisten können. Diese Hoffnung erwies sich als trügerisch; Business Angels verhalten sich zunehmend wie Venture Capitalists und scheuen mehr und mehr die Risiken der Frühphase. Diese verstärkt noch die Dramatik des Early-Stage-Gap. Weltweit gilt, dass höchstens 5% aller Start-ups, die Seed oder Venture Capital bei Fonds oder Business Angels suchen, tatsächlich eine solche Finanzierung finden.[27]

Diese Dramatik trifft insbesondere für "Lifestyle"-Gründungen zu, die erkennbar wenig Potenzial zu schnellem Wachstum und damit zu attraktiver Rendite vorzeigen, die kei-

27 Aus den USA nennt eine Studie sogar nur 1-2% (Wainwright/Groeninger 2005: 12).

ne "Gazellen" oder "Stars" werden können. "Lifestyle"-Gründungen machen vermutlich über 80% aller Gründungen aus und darunter befinden sich viele mit innovativen Geschäftsmodellen. Sie haben in der Mehrheit schon theoretisch und auch praktisch kaum eine Chance, in ihrer Frühphase risikotragendes Kapital vom formellen Kapitalmarkt einzuwerben und die Schwelle zu einem vernünftigen Wachstum zu erreichen.

Wegen des Phänomens der Frühphasenlücke besteht dringender Bedarf für neue Finanzierungsinstrumente für diese Phase und Formen der Mikrofinanzierung und des Crowdfunding scheinen für eine solche Rolle im Besonderen prädestiniert zu sein, wie in den folgenden Kapiteln näher erörtert wird.

6 Systematische Analyse des Crowdfunding-Prozesses

Eine wesentliche Bedeutung hat – auf der in Abschnitt 4.2 erarbeiteten Arbeitsdefinition für Crowdfunding basierend – die Entwicklung einer tragfähigen Klassifikation, die eine empirische Klassifikation realer CF-Fälle ermöglicht und es erlaubt, zu entscheiden, welcher Typ von Crowdfunding sich für welchen Zweck und welche Randbedingungen am besten eignet. Angesichts der verfügbaren öffentlichen Informationen auf den Homepages der CF-Projekte eignen sich drei Dimensionen dabei für eine einfache Typologie:

- Die wesentlichen Akteure im CF-Markt,
- Zielsetzung und Motive von CF-Projekten bzw. ihr kommerzieller oder gemeinnütziger Zweck und
- die ursprüngliche organisatorische Einbettung der Initiatoren.

6.1 Hauptakteure im CF-Prozess

Auf Basis der durchgeführten Literatur- und Internet-Recherche können die folgenden **wichtigen Akteure im CF-Markt** benannt werden:

- **Die Kapital suchenden Vorhaben:** Sie sind Ziel-Empfänger des einzusammelnden Kapitals wie Künstlerprojekte, Start-ups oder Projekte gemeinnütziger Organisationen.
- **Die Geld- oder Kapitalgeber:** Sie stellen die Unterstützer der Projekte oder "Investoren" dar. Dabei können sie sowohl einzelne Personen sein, oder auch Organisationseinheiten in Form von z.B. Unternehmen, öffentlichen Einrichtungen sowie Fonds oder politische Akteure, Verbände oder Kammern.
- **Die Intermediäre bzw. (Internet-)Plattformen:** Das sind Dienstleister für Empfänger von Kapital wie Makler, treuhänderische Sammler, Verteiler oder Verwalter für das Kapital (keine Fonds), Werbemittler, Anbieter einer Online-Plattform etc.
- **Andere Akteure:** Diese können z.B. Stakeholder sein, also Vertreter von Organisationen oder auch Gesellschafter, die ein eigenes Interesse an der Entwicklung des zu finanzierenden Projekts haben (z.B. NGOs, Gewerkschaften, Parteien, Kirchen, Politik, Förderagenturen und Wirtschaftsförderer usw.).

Abbildung 7: Hauptakteure im CF-Prozess

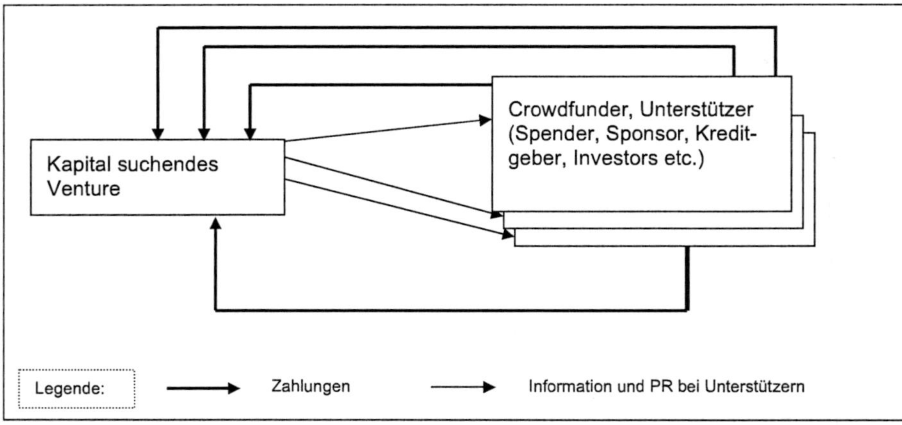

Quelle: Fraunhofer ISI

Die Ausprägung von Crowdfunding kann, wie schon oben erwähnt, verschiedene Formen annehmen, wobei die heute zu beobachtende Vielfalt möglicherweise durch neue Innovationen bei Finanzierungsdienstleistungen noch wachsen wird. Die heute bekannten Varianten unterscheiden sich auch hinsichtlich ihrer prozeduralen Komplexität wesentlich voneinander deutlich: Crowd-Spenden und Crowd-Sponsoring sind recht einfach zu organisierende Formen, während Crowd-Kredite und besonders Crowd-Equity von den rechtlichen und formalen Anforderungen sehr viel komplexer sind und sich für kleinvolumige Vorhaben wenig eignen. Die folgende Grafik soll diesen Komplexitätsverlauf illustrieren:

Abbildung 8: Die Hauptspielarten des Crowdfunding sortiert nach Kompexität

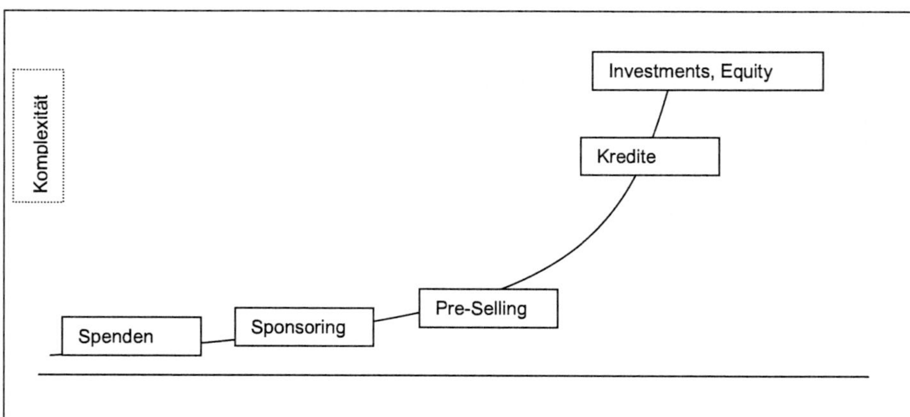

Quelle: Fraunhofer ISI

Mit zunehmender Komplexität des CF-Prozesses und mit wachsender Zahl der interessierten Unterstützer werden Intermediäre notwendig, die den Prozess im Namen der Projektinitiatoren organisieren und die notwendige Web-Plattform mit den dahinter liegenden Routinen vorhalten. Es handelt sich einerseits um die "Crowdfunding-Plattformen" (CF-Plattformen) und andererseits um Finanzintermediäre wie Micro-Payment-Anbieter wie PayPal oder wie Banken oder VC-Fonds. Die Bühne der CF-Szene bekommt damit weitere Akteure:

Abbildung 9: Crowdfunding-Akteure mit Intermediären

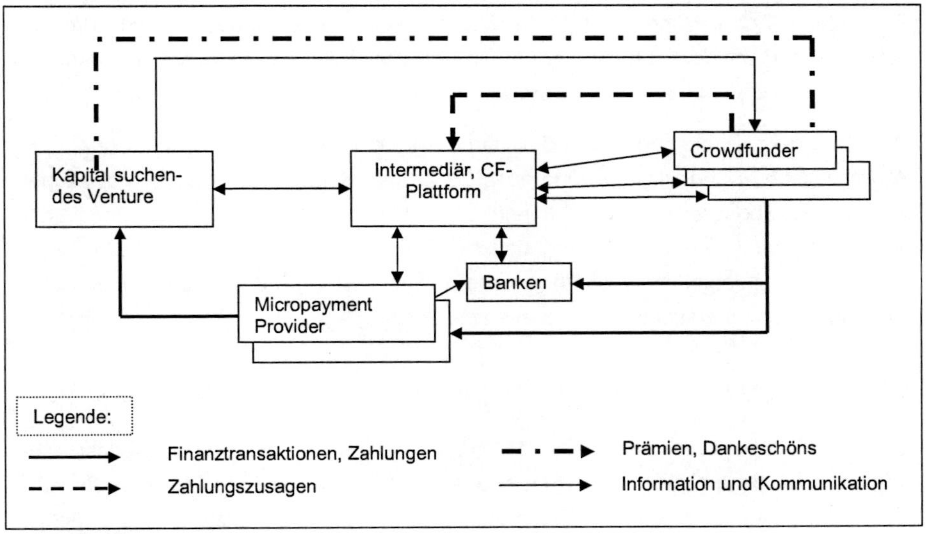

Quelle: Fraunhofer ISI

Die CF-Plattformen definieren für jedes zu finanzierende Vorhaben, das die Dienstleistung der Plattform in Anspruch nimmt, ein "Projekt". Für diese wird – in Abstimmung mit dem Projektinitiator – Finanzierungsziel und Zeitrahmen vereinbart, in dem die gewünschte Zielsumme zusammenkommen muss. Für jedes Projekt erbringen die Plattformen entsprechend ihrem Geschäftskonzept diverse Dienstleistungen.

Mit der schnellen Verbreitung des CF-Konzepts und mit dem derzeit wachsenden Bedarf an intermediären Leistungen differenziert sich das Angebot der Intermediäre immer mehr aus. Die Szene wird komplexer. Die CF-Plattformen experimentieren mit neuen Features in ihren Businessmodellen, andere nehmen Features, die sich nicht bewährten, wieder aus dem Programm. Der Fantasie sind hierbei derzeit nur wenig Grenzen gesetzt. Dadurch verwischen sich auch zunehmend die Grenzen zwischen den obigen vier Kategorien der Hauptakteure.

Dennoch ist es aus analytischen Gründen wichtig, die Hauptakteure zumindest funktional voneinander zu unterscheiden, um das Phänomen des Crowdfunding ganzheitlich verstehen zu können. Denn es ist davon auszugehen, dass auf jeder Akteursebene verschiedene Motive und Organisationsstrukturen bestehen. Diese wiederum sind interdependent und im besten Fall komplementär zueinander. Um dieser Interdependenz gerecht werden zu können, setzen wir an einer Klassifikation der zu finanzierenden Projekte an, um dann Schlussfolgerungen für die Rolle von verschiedenen Plattformen und Arten von Geldgebern ziehen zu können. Die zugrunde liegende These ist, dass von den Motiven des Projekts und der dahinter stehenden Organisation und der Art der Zuwendung (Form, Höhe, anonym vs. öffentlichkeitswirksam) und auch der Typ der potenziellen Geldgeber (private vs. öffentliche Institutionen vs. Individuen) abhängen. Auch der Stellenwert von Intermediären wird damit im Zusammenhang stehen.

Das Ziel einer wissenschaftlichen Beschäftigung mit dem CF-Prozess muss sein, eine Wirkungskette zu identifizieren und zu beschreiben, deren Glieder möglichst sauber voneinander abgegrenzt werden können, um Schlussfolgerungen für einzelne Glieder und deren Interaktionen und Beziehung untereinander ziehen zu können. Diese Studie konnte hierfür bestenfalls erste Vorschläge machen; eine gründliche Befassung muss einer größeren Untersuchung vorbehalten bleiben.

6.2 Typologie von CF-Projekten und CF-Instrumenten

Eine grundsätzliche Dimension bei der Unterscheidung von Kapital suchenden CF-Vorhaben ist, dass diese sowohl **gemeinnützig als auch gewinnorientiert** sein können. Damit steht bereits eine erste grundsätzliche Typisierungskategorie der Motive fest, die folgende drei Unterkategorien hat:

1. **Der ursprüngliche gesellschaftliche Zweck des zu finanzierenden Projekts**[28]

   - **Gemeinnützige oder altruistische Projekte** verfolgen einen wichtigen politischen oder sozialen Zweck wie Bereitstellung öffentlicher Infrastruktur (Straßen, Kommunikationsnetze etc.), Gesundheitsversorgung, erneuerbare Energietechnologien, öffentliche Forschungsvorhaben etc.
   - **Gewerbliche oder kommerzielle Vorhaben** verfolgen klar ein Gewinnziel. Hierzu zählen Unternehmensgründungen, FuE-Projekte in Unternehmen,

[28] Nicht betrachtet werden hier Projekte, die rein soziale oder religiöse Ziele verfolgen (z.B. Schulprojekte in der Entwicklungshilfe, Tafeln für Bedürftige, Restauration einer Kirche) oder auch Lifestyle- oder Spaßprojekte (z.B. der Verkauf einer Internethomepage).

Marketing für ein kommerzielles Produkt, Produktion von Musikalben/CDs oder von Kinofilmen usw.

- **Mischformen,** die nicht klar zuzuordnen sind, weil der kommerzielle Zweck erst später zutage tritt. Beispiele: Projekte zur Einführung neuer Web-Dienste, die wie YouTube, Skype, Facebook, Twitter u.a. zunächst als freie Dienste im Web angeboten wurden, ehe sie kommerzielle Bedeutung gewannen; künstlerische Einmal- oder Pilot-Events, die später wiederholt werden oder gar auf Tour gehen oder Festivals und Konzerte, die nur einen kleinen und temporären Markt finden.

Als zweite Haupt-Typisierungskategorie schlägt Fraunhofer ISI die **ursprüngliche** organisatorische Einbettung der Initiatoren eines Projekts vor. Die ursprüngliche Einbettung wurde gewählt, weil sie mit den ursprünglichen Zielen des Vorhabens korrespondiert. Ein Vorhaben kann sich in seinem Verlauf sehr verändern und kann durchaus später eine andere Zweckbestimmung erhalten und organisatorisch anders aufgehängt sein. Auch diese Haupt-Typisierungskategorie hat drei Unterkategorien:

2. Die ursprüngliche organisatorische Einbettung der Initiatoren eines Projekts:

- **Projekt mit unabhängiger, privater Genese:** Hier handelt es sich um eine unabhängige Initiative von Individuen ohne Bezug zu einem Unternehmen oder einer anderen Organisation.
- **Eingebettetes Vorhaben**: Die Projektinitiative entstand aus einem Unternehmen oder einer anderen Organisation heraus (z.B. ein neues FuE-Vorhaben eines Unternehmens, ein Pilotprojekt eines Energieunternehmens, ein neuer Forschungsvorschlag eines bestehenden EU-Projektkonsortiums, ein Entwicklungsprojekt der UN usw.)
- **Start-up:** Solche Vorhaben sind darauf angelegt, eine zeitlich unbefristete Organisationseinheit zu schaffen, z.B. ein Unternehmen, eine Stiftung, ein Verein, eine Behörde etc.

Mit obigen beiden Haupt-Typologie-Kategorien und den jeweils drei Unterkategorien ergibt sich die folgende Klassifikation von Crowdfunding-Projekten:

Abbildung 10: Klassifikation von Crowdfunding-Projekten mit Beispielen

Ursprüngliche organisatorische Einbettung	Ursprünglicher gesellschaftlicher Zweck		
	Gemeinnützig, altruistisch	Mischform	kommerziell
Unabhängige Initiative	I am Verity SmallcanBeBig Solarimpulse* Friendly Fire*	Lynch Three Project Love Like hers Iron Sky The Age of Stupid The Cosmonaut	MillionDollarHomepage* Exthanded* lunatik.com
Eingebettet	Blender* Reduce the Cost of Energy in Africa*	Racing Shares Project Franchise Justin Wilson plc	Hotel Chocolat Media No Mad Trampoline Systems* Cintep
Start-up	Buy this Satellite* 4th Revolution Energy Autonomy*	Independent Collective MyFootballClub*	Outvesting

*) Siehe Kurzbeschreibung im Anhang A2.

Quelle: Fraunhofer ISI

Die neun Felder dieser Matrix können auch benutzt werden, um die Haupt-Finanzierungsinstrumente, die wir in Crowdfunding antreffen, den obigen Kategorien zuzuordnen.[29]

Die folgende Matrix zeigt, welche der alternativen Instrumente des Crowdfunding sich für welche Typen von zu finanzierendem Projekt eignen. Demnach scheinen uns die gemeinnützig oder altruistisch angelegten Projekte (partiell auch die Mischformen) eher für die Formen Spenden, Sponsoring, niedrig oder unverzinsliche Darlehen geeignet zu sein, während die kommerziellen Vorhaben sich für Instrumente anbieten, die einen monetären oder materiellen Gegenwert in Form von Waren, Renditen oder Zinserträgen erwarten lassen.

29 Die Hintergründe und Ziele von realen CF-Projekten sind nur schwer zu erfahren; solche Informationen sind nur ausnahmsweise auf den Homepages zu finden. Deswegen bleiben die obigen Typisierungsversuche so lange spekulativ, wie die empirische Basis noch so schwach ist wie zurzeit.

Abbildung 11: Zuordnung von Crowdfunding-Instrumenten

Ursprüngliche organisatorische Einbettung	Ursprünglicher gesellschaftlicher Zweck		
	Gemeinnützig, altruistisch	Mischform	kommerziell
Unabhängige Initiative	Spenden, Sponsoring, (Niedrigzins-)Darlehen	Spenden, Sponsoring, Pre-Selling, Darlehen	Pre-Selling, verzinsliche Darlehen, Darlehen mit Gewinnbeteiligung, Equity
Eingebettet	Spenden, Sponsoring, Darlehen	Spenden, Sponsoring, Darlehen	Pre-Selling, verzinsliche Darlehen, Darlehen mit Gewinnbeteiligung
Start-up	Spenden, Sponsoring, Darlehen	Spenden, Sponsoring, verzinsliche Darlehen, Darlehen mit Gewinnbeteiligung, Equity	Pre-Selling, verzinsliche Darlehen, Darlehen mit Gewinnbeteiligung, Equity

Quelle: Fraunhofer ISI

Dieses Bild deutet aber auch an, dass innovative Start-ups, die in der Regel ein kommerzielles Ziel verfolgen, durchaus Instrumente der gemeinnützig-altruistischen Kategorie nutzen können, weil sie oft in der Vorgründungsphase wie idealistische Projekte von Enthusiasten wirken und eher der Mischform zuzurechnen sind. In dieser Phase sprechen sie durchaus idealistische oder altruistische (informelle) Geldgeber an, die sich für ihre Projekte begeistern können. Später verändern sich solche Vorhaben zu marktorientierten Unternehmen und werden für formelle Kapitalgeber interessant. Genau dieser Übergang zwischen informellen und formellen Kapitalgebern sollte zukünftig sorgfältig gestaltet werden, um Crowdfunding zu einem akzeptierten alternativen Instrument der Early-Stage-Finanzierung zu machen.

7 Motivation der Geldgeber

7.1 Ergebnisse aus der Literatur und aus Blogs

Dem ursprünglichen Selbstverständnis der Web-Community folgend, dass das Internet eine weitgehend demokratische, kostenfreie Kommunikations- und Interaktionsplattform sei, erwarteten Crowdfunder bisher eher keine unmittelbaren pekuniären Rückflüsse aus ihren Finanzierungsbeiträgen. Bei Spendern, Sponsoren und Mäzenen speist sich die Motivation zur Unterstützung eines Projekts aus

- der Identifikation mit den Werten oder Zielen des jeweiligen Projekts (z.B. Krishnamurthy/Tripathi 2009)[30],
- ihrer Zufriedenheit, Teil einer Community von Unterstützern zu sein (z.B. Krishnamurthy/Tripathi 2009),
- ihrer Freude an Erhalt und Nutzung des zu entwickelnden Produkts (ein Buch, ein Film, eine CD, ein Computerspiel usw.), evtl. mit Autogramm des Autors oder einer zu finanzierenden Dienstleistung,
- ihrer Zufriedenheit mit dem Erfolg des eigenen Engagements,
- der Möglichkeit, an exklusiven Veranstaltungen wie Vernissagen, Gala-Diners etc. teilzunehmen,
- dem Erhalt eines Zertifikats oder einer Anerkennung als Förderer, unterzeichnet durch den Autor oder Initiator,
- der namentlichen Erwähnung auf einer öffentlichen Liste von Unterstützern (z.B. im Filmabspann) (z.B. Krishnamurthy/Tripathi 2009)
- oder, ganz prosaisch, dem Spaß, der mit dem Engagement an dem Vorhaben und mit der Interaktion mit den Initiatoren verbunden ist (Schwienbacher/Larralde 2010).[31]

Je mehr kommerzielle Aspekte ein Vorhaben hat oder entwickelt, desto eher werden Unterstützer angesprochen (Kreditgeber, Investoren), die nicht aus der klassischen Web-Community stammen und deren idealistische Einstellung zu (kosten)freier Kommunikation und Interaktion im Web nicht mehr teilen. Kreditgeber erwarten die Rückzahlungen ihrer Darlehen mit oder ohne Zinsen bzw. die Ausschüttung von Gewinnanteilen. Micro-Equity-Investoren hingegen erwarten u.U. Unternehmensanteile und damit Mitbestimmungs- bzw. Stimmrechte.

---

30 Diese wissenschaftliche Untersuchung analysiert die Motivation von Geldgebern einer Open Source Plattform, wurde an dieser Stelle jedoch herangezogen, da bisher nur eine begrenzte Anzahl an wissenschaftlichen Analysen existiert, welche unter Einbezug von Nutzern die Motivation der Geldgeber, hier von Crowdfunding-Projekten, untersuchen.

31 Dieser Spaßfaktor wurde in der Literatur zur Motivforschung bei Business Angels mehrfach belegt (s. z.B. Benjamin/Margulis 2001; Coveney/Moore 1998; Hemer 2003).

7.2 Interviewstudie zu Motiven und Entscheidungsprozessen von Geldgebern in Crowdfunding-Projekten im Energiebereich

Ergänzend zu obigen, aus der Motivforschung bekannten Motivationsprofilen führte das Fraunhofer ISI zusätzlich eine kleine Interviewstudie bei einigen ausgewählten Unterstützern von CF-Projekten im Energiebereich durch, die 2010 und 2011 von deutschen CF-Plattformen betreut worden waren. Diese Ergebnisse werden im Folgenden wiedergegeben.

Zielsetzung und Forschungsfragen

Die Interviewstudie wurde mit dem Ziel durchgeführt, den Forschungsstand aus der Literatur (s. unten) unter Berücksichtigung der bestehenden Erkenntnisse zu erweitern. Die zentralen Forschungsfragen, die es mittels dieser Interviews zu klären gilt, lauten demnach:

- Was sind die zentralen Motive der Geldgeber bei Crowdfunding?
- Wie können idealerweise Geldgeber gewonnen werden? (Erfolgsfaktoren)
- Welche Aspekte sind hinderlich für das Gewinnen von Geldgebern? (Barrieren, Bedenken)
- Wie werden potenzielle Sponsoren auf CF-Projekte aufmerksam?

Weitere interessante Aspekte sind zudem in diesem Zusammenhang die Bekanntheit des Konzepts des Crowdfundings bei den Geldgebern, ein Vergleich mit dem generellen Spendenverhalten sowie die Abfrage der Nutzung(shäufigkeit) des Web 2.0.

Methode und Stichprobe

Für die Interviewstudie wurde – neben einer Literaturanalyse – angesichts des Mangels an quantitativem Material ein qualitativ-explorativer Ansatz gewählt. Damit können neue Aspekte aufgedeckt werden; zudem kann davon ausgegangen werden, dass Motive, die für die Geldgeber sehr persönlich sind, eher in einem vertraulichen Rahmen, wie ihn ein persönliches Gespräch bietet, offengelegt werden. Es wurde hierzu ein Interviewleitfaden mit vorformulierten Fragen zu dem von dem Geldgeber unterstützten Projekt, zum Entscheidungsprozess, d.h. Motive, fördernde Faktoren und Bedenken sowie Fragen zu weiteren Crowdfunding-Aktivitäten und zur Bekanntheit des Konzepts entwickelt. Des Weiteren werden das Spendenverhalten und Web 2.0 Kenntnisse erfragt sowie zum Abschluss einige wenige demographische Daten erhoben.

Die befragten Personen sind Geldgeber für zwei Schwerpunkt-Projekte, die über Crowdfunding finanziert wurden:

a) Der Film "Die 4te Revolution" (www.energyautonomy.org), ein Dokumentarfilm über das Pozential Erneuerbarer Energien sowie

b) der Online Workshop "Webinar" (erreichbar über die Plattform www.mysherpas.com), der Interessierten Wissen über Projektfinanzierung durch Crowdfunding vermittelte.

Die Rekrutierung der zu Befragenden erfolgte über die Homepage des Projekts bzw. über die Plattform, auf welcher das jeweilige Projekt angesiedelt ist. Die potenziellen Interviewpartner wurden über E-Mail oder persönliche Nachricht kontaktiert. Die Interviews dauerten 20 bis 47 Minuten. Mit Einverständnis der Interviewpartner wurden diese aufgezeichnet und in anonymisierter Form wortgetreu transkribiert.

Insgesamt wurden sechs Personen befragt, davon zwei Frauen und vier Männer (Interviewpartner P1 bis P6). Die Befragten waren zwischen 35 und 58 Jahre alt.

Forschungsstand

Bisher existiert nur eine begrenzte Anzahl an wissenschaftlichen Analysen, die förderliche Faktoren für Crowdfunding-Projekte aus Nutzersicht untersuchen (Ward/ Ramachandran 2010) oder unter Einbezug von Nutzern die Motivation der Geldgeber (hier von Crowdfunding- oder Open Source-Plattformen) analysieren (Krishnamurthy/ Tripathi 2009; Schwienbacher/Larralde 2010). Zudem ist festzustellen, dass bisher weder empirische Analysen zur Motivation der Geldgeber von Crowdfunding-Projekten aus Deutschland noch Forschungsergebnisse zu CF-Projekten im Energie- oder Nachhaltigkeitsbereich – was hier von Interesse ist – vorliegen. Aufgrund dieses Mangels an Crowdfunding-spezifischer Literatur sollen auch wissenschaftliche Arbeiten zu Spendenmotiven, der Motivation, an Crowdsourcing-Projekten bzw. -Plattformen teilzunehmen oder sozialpsychologische Theorien zu Hilfeverhalten mit einbezogen werden.

Nach Sichtung der vorliegenden Literatur wurden folgende Motive für die Teilnahme an Crowdfunding oder allgemein durch Mikrofinanzierung geförderte Projekte identifiziert:

- Identifikation mit den Werten eines Projekts oder einer Plattform,
- Selbstdarstellung (bei öffentlicher Darstellung als Sponsor),
- Interesse, an einem innovativen Projekt teilzuhaben; Freude an Neuem oder Suche nach neuen Herausforderungen,
- Wunsch, das eigene Netzwerk zu vergrößern,
- Norm der Reziprozität (Personen, die eigene Projekte über Mikrofinanzierung finanziert haben, spenden mit höherer Wahrscheinlichkeit auch für andere CF-Projekte).

Die sozialpsychologische Forschung zu Hilfeverhalten, insbesondere zu Freiwilligenengagement, unterscheidet zwischen selbstlosen und selbstbezogenen Motiven. Ein selbstloses Motiv kann bspw. Empathie gegenüber dem Hilfeempfänger sein, unter selbstbezogenen Motiven findet sich eine Reziprozitätserwartung, die Erfahrung von Selbstwirksamkeit und Selbstzufriedenheit (Dovidio et al. 2006). Werden diese Erkenntnisse auf Crowdfunding angewendet, wird deutlich, dass Crowdfunding-Projekte eindeutige Situationen für den Helfenden als auch den Hilfeempfänger schaffen können, denn für beide Seiten findet eine Unsicherheitsreduktion statt. Insofern können durch Crowdfunding finanzierte Vorhaben Motive für Hilfeverhalten erfüllen.

Ergebnisse: Motive und Entscheidungsprozess

Während der Interviewauswertung wurden mehrere Motive für eine finanzielle Unterstützung von Crowdfunding-Projekten im Energie- und Nachhaltigkeitsbereich identifiziert, welche im Folgenden näher erläutert werden.

Alle Interviewten nannten die Identifikation mit dem Thema und den Zielen des Projekts als ein wichtiges Motiv und Voraussetzung für ihre Unterstützung. Das folgende Zitat eines Interviewpartners betont die Wichtigkeit der persönlichen Identifikation mit den Zielen des Crowdfunding-Projekts.

> *"Die Kampagne in sich, auch, wie sie dargestellt wird, muss die Menschen anfassen. Innerlich anfassen. Sie müssen sich angefasst fühlen. Sie müssen zugleich spüren: Das ist seriös. Das ist zwar visionär, und es kann auch schief gehen, gleichzeitig aber seriös. Und die Seriosität bildet sich meiner Wahrnehmung nach ab über Personen." (Quelle: P2, ein Spender für das Projekt "Die 4te Revolution")*

Des Weiteren kann eine ideelle Motivation ebenfalls eine Rolle spielen, wie bspw. der Wunsch, einen gesellschaftlichen Beitrag zu leisten. Ein Bedürfnis nach Selbstdarstellung und -präsentation sowie der Wunsch, das eigene Engagement bekannt zu machen, wurde als weitere Motivgruppe herausgearbeitet. So berichteten einige Interviewpartnerinnen und Interviewpartner, dass sie die Möglichkeit schätzen, auf der Homepage ein Statement abgeben und sich damit als Geldgeber bekannt machen zu können. Gleichzeitig biete dieses Vorgehen die Möglichkeit, für das Projekt zu werben. Das relativ neue Phänomen des Crowdfunding kann ferner Bedürfnisse nach Pioniertätigkeit und Freude an Innovation befriedigen. Ein Interviewpartner sagte dazu über sich selbst:

> *"Ich bin an dem Neuen interessiert, wo etwas aufbricht, wo ich das Gefühl habe, da wird etwas draus, das ist spannend." (Quelle: P5, ein Spender für das Projekt "Die 4te Revolution")*

Auch die Form des Projekts selbst, wie bspw. die Produktion eines Films, ist für einige Befragte innovativ und spannend. Die erhältlichen Gegenleistungen, welche bei den Schwerpunkt-Projekten weniger direkten monetären Wert, sondern eher informativen Charakter aufweisen, fungieren als extrinsische Motivatoren. Des Weiteren zeigte sich das Konstrukt der Reziprozität: Ein Interviewpartner berichtete, er sei gleichzeitig Initiator eines eigenen Crowdfunding-Projekts und habe sich z.T. auch aus diesem Grund für die Unterstützung eines anderen durch Mikrospenden finanzierten Projekts entschieden. Ein persönlicher Kontakt mit der Projektleitung oder der Ausbau des eigenen Netzwerks sind weitere Treiber bzw. Motive von Geldgebern für Crowdfunding-Vorhaben zu Energie- und Nachhaltigkeitsthemen.

Daran anknüpfend wurden förderliche Faktoren für das Konzept Crowdfunding entwickelt. Vertrauen stellt eine wichtige Voraussetzung für die Unterstützung eines innovativen Projekts dar. Elemente, die vertrauensstiftend wirken und für die Geldgeber als Anzeichen für Vertrauen gelten, sind demnach eine persönliche Beziehung zu Projektinitiatoren oder eine große Zahl weiterer Geldgeber, die idealerweise auch namentlich erwähnt werden. Die Bedeutung des Konzepts Vertrauen zeigt sich auch in dem Zitat des Interviewpartners P2, nach dessen Meinung die Seriosität der Projektinitiatoren Vertrauen stiften kann. Des Weiteren kann auch das Engagement bekannter Persönlichkeiten für potenzielle Hilfeempfänger wie ein "Qualitätssiegel" für ein bestimmtes Projekt wirken.

Faktoren, welche für den Erfolg von Crowdfunding-Projekten hinderlich sein können, sind dagegen mangelnde Transparenz bei der Darstellung des Projekts und der Finanzierung, Sicherheitsbedenken in Zusammenhang mit der Zahlungsabwicklung und allgemein ein Projektthema, welches nicht geeignet ist, Begeisterung oder Zustimmung der crowd hervorzurufen. Die Beteiligung eines einflussreichen und großen Unternehmens kann für die Community abschreckend wirken, denn es könnte der Eindruck entstehen, der eigene Beitrag sei nicht notwendig. Zudem kann des Weiteren ein Misstrauen auf Seiten der potenziellen Geldgeber bezüglich eines kommerziellen Interesses der Initiatoren entstehen. Weitere, von den Interviewten genannte Bedenken kann in diesem Zusammenhang die Frage nach der Verwendung des gespendeten Geldes bei einem Ausfall des Projekts, bspw. wenn nicht genug Geld gesammelt werden konnte, hervorrufen. Für die Interviewpartner- und -partnerinnen stellte dies kein Hindernis dar: Die Initiatoren des Online-Workshop "Webinar" sicherten eine Zurückzahlung des Betrags bei Nichterreichen des Finanzierungsziels zu. Das Filmprojekt "Die 4te Revolution" konnte keine Zurückzahlung garantieren. Die Spender sagten dazu, dass sie dieses Risiko in Kauf nähmen und dass sie die Überzeugung teilen, dass ihre Spende in jedem Fall – d.h. auch bei Nichtzustandekommen des Films – sinnvoll verwendet werde.

Die Befragten wurden des Weiteren zu ihren Erfahrungen mit Web 2.0 und Social Media befragt. Besonders freiberufliche Interviewpartner verfügen dabei bereits über gute Kenntnisse, während der Rest eher selten in sozialen Netzwerken aktiv ist.

Zusammenfassung und Ausblick

Zusammenfassend lässt sich somit feststellen, dass die Identifikation mit dem Projektthema eine wichtige Voraussetzung für die Unterstützung eines Crowdfunding-Projekts darstellt. Insofern kann davon ausgegangen werden, dass Projekte mit Themen, welche stark identifikationsstiftend wirken, höhere Chancen auf Unterstützung haben. Aber auch die praktische Umsetzung der Suche nach potenziellen Geldgebern muss transparent, vertrauenerweckend und überzeugend sein. Unterstützer von durch Crowdfunding finanzierten Projekten zeichnen sich mehrheitlich durch Innovationsfreude, persönliches Engagement und ein großes soziales Netzwerk aus. Einige Geldgeber zeigten ein hohes Engagement über die rein finanzielle Unterstützung hinaus und bewarben das jeweilige von ihnen unterstützte Projekt im Freundes-, Familien- und Kollegenkreis.

Nach Aussage eines Interviewpartners müsse ein neuer Begriff für "spenden" im Zusammenhang mit Crowdfunding-Vorhaben gefunden werden, denn dieser bringe eine Assoziationen zu Hilfsorganisationen mit sich und könne damit die Akzeptanz von durch Crowdfunding finanzierten Projekten negativ beeinflussen. Im Gegenzug muss der Begriff "Crowdfunding" mithilfe der Medien populärer gemacht und insbesondere auch in etablierten Medien, wie in überregionalen Tageszeitungen häufiger erwähnt werden. So könne eine größere Zielgruppe angesprochen werden.

7.3 Bestimmungsgrößen für die Unterstützungsbereitschaft der Crowdfunder

Im Rahmen seiner Master Thesis in Marketing über die Motive von Individuen, sich finanziell an einem Crowdfunding-Projekt zu beteiligen, untersuchte Michel Harms (2007) verschiedene Faktoren aus den Bereichen des Konsumentenverhaltens, der Verhaltensökonomie und der Sozialpsychologie, um Beweggründe für die Unterstützung von CF-Projekten zu identifizieren. Dabei bestimmte er zehn direkte Einflussgrößen, die auf die Absicht einwirken, sich finanziell bei einem Crowdfunding-Projekt zu beteiligen:

- *Wirtschaftlicher Wert (Economic Value):* Als *wirtschaftlichen Wert*, beschreibt Harms den finanziellen und materiellen Netto-Wertzuwachs, der durch die Unterstützung des Projekts erfolgt.
- *Lotterie Effekt (Lottery Effect):* Mit dem *Lotterie Effekt*, bezeichnet Harms die Möglichkeit, dass das Projekt einen außerordentlich hohen finanziellen Gewinn abwirft.
- *Sicherheitseffekt (Certainty Effect):* Der *Sicherheitseffekt* besagt, dass manche Personen ein sicheres Ergebnis stärker gewichten, als ein unsicheres, gegebenenfalls auch wenn der erwartete Erlös dann kleiner ausfallen würde.

- *Persönlicher Nutzen (Personal Utilitiy):* Der *persönliche Nutzen* gibt den Grad an, zu dem das Projektergebnis funktional die Bedürfnisse des Unterstützers deckt.
- *Selbstdarstellung (Self-Expression):* Die *Selbstdarstellung* bietet, insbesondere durch das Internet als Plattform die Möglichkeit, sich selbst als Crowdfunder positiv zu präsentieren.
- *Gruppe von Investoren (Peer-Investor):* Teil einer *Gruppe von Investoren* zu sein, soll durch Identifikation mit der Gruppe und der Sicherheit, dass auch andere mitwirken, das aktive Teilnehmen an derselben fördern.
- *Erkenntnistheoretische Nützlichkeit (Epistemic Value):* Die *erkenntnistheoretische Nützlichkeit* ist das Streben nach neuem Wissen und dem Wunsch, etwas Neues und Innovatives zu schaffen, oder zumindest die Gewissheit zu haben, daran mitgewirkt zu haben.
- *Freude an der Unterstützung (Enjoyment):* Die *Freude an der Unterstützung* eines Crowdfunding-Projekts vergleicht Harms beispielsweise mit der Freude am Einkaufsbummel (shopping enjoyment).
- *Wert der Partizipation (Involvement): Involvement* stellt die Zufriedenheit dar, die durch die Partizipation an dem Crowdfunding-Projekt, hervorgerufen wird.
- *Helferbewusstsein (Supportiveness):* Mit *Supportiveness* meint Harms das positive Gefühl, das beim Unterstützer durch die Wirkung des Hilfeverhaltens auf den Empfänger erzeugt wird.

Außerdem identifiziert Harms drei indirekte kausale Wirkungsvariablen, welche auf die eben genannten Einflussgrößen einwirken:

- *Fähigkeiten des Initiators (Initiator abilities):* Die vom potenziellen Investor wahrgenommenen *Fähigkeiten des Initiators* sind für den erhofften Projekterfolg wichtig und fließen daher in den wirtschaftlichen Wert *(Economic Value)* mit ein.
- *Gesellschaftsnutzen (Societal utility):* Harms zufolge spielt der *Gesellschaftsnutzen* (ob mit dem Projektergebnis wirklich Bedürfnisse der Gesellschaft befriedigt werden) eine Rolle, weil er sowohl den *wirtschaftlichen Wert (Economic Value)* als auch die *Supportiveness* des Unterstützers positiv beeinflusst.
- *Ähnlichkeit zum Initiator (Similarity to Initiator):* Die *Ähnlichkeit zum Initiator* ist ein Maß dafür, ob ein Projektinitiator, der sich selbst beschreibt, eher eine Bindung zu den Unterstützern aufbauen kann (z.B. durch Gemeinsamkeiten, Identifikation, Sympathie usw.). Damit kann sich der Initiator auch besser die *Supportiveness* der Unterstützern sichern.

Eine Online-Befragung[32], mithilfe von Mailing-Listen und Social Networks, also ohne systematische Auswahl der Zielgruppe (willkürliche Stichprobe), sollte die Bedeutung der obigen Einflussgrößen und damit die Motivation zu einer Finanzierungsentscheidung aufzeigen. Die Umfrage zielte auf ein fiktives Beispiel eines Crowdfunding Projekts ab. Für das Beispiel beschreibt Harms einen 29-jährigen Mann, der ein Laufprojekt in seiner Stadt realisieren möchte. Dabei will er ein Internetportal, Wegmarkierungen und Schließfächer für Läufer errichten. Sein Ziel ist es, 5.000 Euro durch die finanzielle Unterstützung von 500 Personen mit jeweils 10 Euro zu erhalten. Als Gegenleistung verspricht er einen exklusiven Newsletter, eine DVD mit der Dokumentation des Projekts und eine Gewinnbeteiligung an den Werbeeinnahmen aus dem geplanten Internetportal. Harms (2007) gruppiert die zehn Einflussgrößen nach folgenden fünf Kategorien und kommt unter anderem zu folgenden Erkenntnissen:

- **Finanzielle Einflussgrößen (Financial Value):**
  - Der *wirtschaftliche Wert (Economic Value)* ist die einflussreichste Wirkungsvariable von allen.
  - Dem *Lotterie Effekt (Lottery Effect)* kommt kaum Bedeutung zu. Als wahrscheinliche Begründung wird angeführt, dass der fiktive Projektvorschlag wohl nicht den Anschein erwecke, als würde er in der Zukunft große Gewinne abwerfen.
  - Der *Sicherheitseffekt (Certainty Effect)* ist signifikant und zeigt, dass es den Investoren wichtig ist, das Projekt mit einem konkreten Ergebnis zu beenden.
- **Funktionelle Nützlichkeit (Functional Value):**

  Der *Persönliche Nutzen (Personal Utility)* ist eine fast so starke Wirkungsvariable, wie der *Wirtschaftliche Wert.* Jedoch zeigt die hohe Standardabweichung, dass die Antworten der Umfrage bei dem *Persönlichen Nutzen* eine hohe Streuung aufweisen. Der Autor führt dies auf den speziellen Typ des fiktiven Projekts zurück und dem damit einhergehenden variablen Grad des Nutzens, den die Befragten aus dem Ergebnis des Projekt ziehen könnten.
- **Soziales Selbstkonzept (Social Value):**
  - Der *Selbstdarstellung (Self-Expression)* als Motiv, sich am Crowdfunding zu beteiligen, kommt in der Analyse ein positiver Effekt zu.
  - Im Gegensatz dazu wirkt sich die Variable *Gruppe von Investoren (Peer-Investors)* in diesem speziellen Beispiel gar nicht aus. Als mögliche Ursache nennt der Autor, dass über die Investorengemeinschaft nichts bekannt gegeben wird.

32 Es wurden dabei potenzielle Crowdfunder befragt, auch wenn sie tatsächlich noch kein Projekt unterstützt hatten.

- **Erkenntniswert (Epistemic Value)**

  Die Erkenntniswerte (Epistemic Value), die sich aus der Realisierung des Projekts ergeben könnten, haben ebenfalls keinen Einfluss auf die Absicht zu investieren. Damit ist die Kategorie Epistemic Value, die einzige der fünf, bei der sich keinerlei Auswirkung auf die Investoren nachweisen lässt.

- **Emotionale Einflussgrößen (Emotional Value)**

  - Die *Freude (Enjoyment)* an der Unterstützung von Crowdfunding-Projekten, ist zwar eine wichtige, trotzdem aber die schwächste aller signifikanten Einflussgrößen.
  - *Involvement* zeigt für das Beispiel keine besonderen Auswirkungen auf die Absicht, sich finanziell zu engagieren. Harms schlägt als Begründung vor, dass die fehlende Möglichkeit zu **aktiver** Beteiligung (Mitarbeit) an dem Projekt dafür ausschlaggeben sein könnte. Es erfolgt jedoch lediglich eine passive Einbindung mit Hilfe des Newsletters.
  - Dass *Supportiveness* eine Rolle spielt, begründet Harms durch die zwei kausalen Wirkungsvariablen *Ähnlichkeit zum Initiator (Similarity Initiator)* und *Gesellschaftsnutzen (Society Utility)*, die beide maßgeblich die Unterstützung *(Supportiveness)* verstärken, auch wenn sich der Einfluss von *Supportiveness* sich nicht bestätigen ließ.

Insgesamt lässt sich also sagen, dass der wirtschaftliche und der persönliche Nutzen für das fiktive Beispiel die wichtigsten Faktoren sind. Durch die naheliegende Vermutung, dass man eher gewillt ist ein Projekt zu unterstützen, dessen Ergebnis man selbst gut und gerne verwenden würde, lässt sich die hohe Bedeutung des persönlichen Nutzens möglicherweise auch auf andere Fälle übertragen. Generell muss man jedoch bedenken, dass die Schlussfolgerungen der Studie auf ein spezifisches und zudem noch fiktives Beispiel bezogen sind, dessen Repräsentativität nicht abgeschätzt werden kann.

8 Varianten von Crowdfunding-Finanzierungsmodellen

Die in diesem Kapitel beschriebenen Finanzierungs-, Organisations- und Businessmodelle von Crowdfunding gelten zum Teil auch für CF-Vorhaben, die nicht primär auf der Nutzung von Web 2.0 basieren, also auch konventionelle Interaktionskanäle zulassen. Zum Teil sind sie aber spezifisch und nur für die neuen Varianten des Crowdfunding charakteristisch, die nur mit Web 2.0 möglich oder sinnvoll sind.

Grundsätzlich kann man – in Anlehnung an Kappel (2009) – die Finanzierungsmodelle in zwei große Kategorien gruppieren:

a) "Ex ante"-Modelle[33], bei denen das Fundraising stattfindet, bevor die Realisierung des Vorhabens beginnt, also Modelle der Vorfinanzierung. Nur diese sind aus der Sicht des Fraunhofer ISI relevant für die Frage, ob Crowdfunding ein zukunftsfähiges Instrument der Frühphasenfinanzierung ist.

b) "Ex post facto"-Modelle[34], bei denen das Fundraising stattfindet, wenn das Vorhaben bereits realisiert ist (z.B. Musikalbum ist gepresst, Buch ist geschrieben, Produkt ist entwickelt etc.). In solchen Fällen ist es in der Regel leichter, eine externe Finanzierung über den formellen und informellen Kapitalmarkt zu erhalten, sodass wir uns in dieser Untersuchung damit nicht näher auseinandersetzten.

8.1 Arten der Ex-ante-Kapitalbereitstellung

In diesem Kapitel werden exemplarisch die wichtigsten Instrumente beschrieben, die im Crowdfunding derzeit für die Vorfinanzierung von Projekten und Vorhaben gebräuchlich sind.

8.1.1 Spenden ("donor pooling model")

Spenden ("donations") oder auch Zuwendungen ("grants") sind freiwillige und unentgeltliche Leistungen für religiöse, wissenschaftliche, gemeinnützige, kulturelle, wirtschaftliche oder politische Zwecke, mit denen kein Rechtsgeschäft verbunden ist. Ihnen stehen also keine Verpflichtungen zu Gegenleistungen gegenüber. Die Spende ist also ein vertrauensbasierter, altruistischer oder philantropischer Akt. Deshalb ist das Spendenmodell derzeit noch die am häufigsten anzutreffende Form des Crowdfunding von nicht kommerziellen Vorhaben, insbesondere für soziale Projekte mit einem definierten Zweck und Ende (s. auch Abschnitt 6.2). Für Unternehmensfinanzierung eignet

---

33 Diese Bezeichnung wurde 2009 von Tim Kappel eingeführt (Kappel 2009).

34 Ebenda.

es sich in der Praxis nur bedingt, so z.B. für philantropische oder altruistische Unterstützer von Gründungsprojekten in der Pre-Seed-Phase vor der formellen Unternehmensgründung.

Obwohl keine Verpflichtung zur Gegenleistung besteht, erwarten in der Praxis Spender oft einen Gegenwert ("reward" oder Prämie, siehe Abschnitt 4.5.1), insbesondere im Kreativbereich. Wenn es sich bei dem zu finanzierenden Vorhaben um ein Gut handelt, das auf dem freien Markt angeboten werden wird (Musikstück, Software, Spiel, Film etc.), erwarten die Spender u.U. eine prioritäre Lieferung vor der allgemeinen Veröffentlichung oder andere Formen der Anerkennung. Je nachdem, ob die Gegenleistung verbindlich zugesagt wurde, sind die Übergänge zum Sponsoring- oder Vorauszahlungsmodell fließend (s.u.).

8.1.2 Patronatsmodell ("patronage model")

Der Patronatsbegriff ist im deutschsprachigen Raum nicht gebräuchlich, wird aber im angelsächsischen oft als Synonym für altruistische Formen des Spendenmodells verwandt, insbesondere für soziale oder künstlerische Projekte, bei denen zu vermuten ist, dass sie nicht mit der Erwartung von materiellen Gegenleistungen (Prämien) verbunden sind.

8.1.3 Sponsoring

Beim Sponsoring handelt es sich allgemein um die vertraglich vereinbarte Förderung einer Einzelperson, einer Gruppe von Menschen, Organisationen oder Veranstaltungen in Form von Geld-, Sach- und Dienstleistungen mit der Erwartung einer (meist nicht monetären) Gegenleistung, die dem Sponsor nutzt (z.B. eine materielle Prämie oder eine Dienstleistung, etwa eine solche, die werblichen Effekt hat und seine Kommunikations- und Marketingziele unterstützt). Im CF-Zusammenhang sind solche Crowdfunder meistens also keine Spender im eigentlichen Sinne, sondern Mikro-Sponsoren, die mit dem zu fördernden Projektinitiator oder Unternehmer einen Sponsoring-Vertrag abschließen, der die finanzielle Leistung und die Gegenleistung festschreibt. Sponsoring hat keinen primär philantropischen oder altruistischen Charakter; der Sponsor hat (einklagbaren) Anspruch auf die vereinbarte Gegenleistung oder Prämie. Einige CF-Plattformen beschränken ihr Angebot bewusst auf die Vermittlung von Sponsoren (z.B. die deutsche Plattform mySherpas).

8.1.4 Vorauszahlung, Pre-Selling und Pre-Ordering

Das **Vorauszahlungs- oder auch Pre-Selling- oder Pre-Ordering-Modell** ist sehr verbreitet. Die Vorab-Unterstützung erlaubt die Produktion eines (künstlerischen) Werks oder die Entwicklung eines Produkts. Wenn als "Prämie" die Bereitstellung eines Exemplars dieses Werks oder Guts oder die Nutzung der zu entwickelnden Dienstleistung nach der Fertigstellung versprochen ist, handelt es sich formal um eine Vorauszahlung, also um einen **Kaufakt**, bei dem die Lieferung des vereinbarten Guts/der Leistung später erfolgt. Das Spendenmodell hat oft diese Ausprägung, wenn spezifisch diese Gegenleistung verbindlich vereinbart ist. Das ist ein mehrwertsteuerpflichtiger Vorgang.

8.1.5 Vorauszahlung durch Gutscheine

In der Landwirtschaft und in der Gastronomie sind Modelle in Gebrauch, bei denen eine Vielzahl von Kunden Vorauszahlungen in Form von Gutscheinen leisten, die für den Ausbau des Betriebs verwendet werden (auch "Barn Funding" genannt). Nach Fertigstellung der Produktion bzw. nach der Investition erhalten die Kunden Warenlieferungen in einem um einen Bonus-Aufschlag höheren Betrag.

Eine auch in Deutschland bekannte Variante ist die regelmäßige Vorauszahlung eines Betrags, für den der Kunde regelmäßig eine Lieferung von landwirtschaftlichen Produkten (wöchentlicher Gemüsekorb) erhält.

8.1.6 "Revenue Based Financing"

Im Ursprung ist "Revenue Based Financing" eine Form der Kredit basierten Wachstumsfinanzierung von Start-ups und bestehenden Unternehmen, bei der der Kredit gebende Crowdfunder keine fixen Tilgungen erhält, sondern einen jährlichen, fest vereinbarten Anteil am Rohgewinn des Unternehmens bis zu einer gedeckelten "Multiple" der Kreditsumme, beispielsweise bis zum 5-fachen (c.g.s. mit typisch stillen Beteiligungen vergleichbar, die letztlich auch nur langfristige Darlehen mit Gewinn- und Verlustbeteiligung darstellen). Damit stellt dieses Modell eine Variante von Risiko-Fremdkapital dar, in der der Kreditgeber ein sehr hohes Ausfallrisiko gegen eine hohe Renditechance eintauscht. Der Unternehmer muss keine Unternehmensanteile abtreten wie bei direkten Beteiligungen bzw. Venture Capital (VC) und somit besteht nicht die Gefahr des Einflussverlusts, wenn VC-Investoren ihre Anteile erhöhen.[35] Außerdem eignet

35 http://p2pfoundation.net/Revenue_Based_Financing (abgerufen am 14.03.2011).

sich diese Form der Wachstumsfinanzierung auch für Unternehmen, die nicht die für VC-Investoren attraktiven Wachstumsraten anstreben oder erreichen können.

8.1.7 Mikro-Kredite, Social (Micro) Lending

Social Lending wird oft auch als "peer-to-peer lending" bezeichnet (P2P). Wie der Ausdruck schon beschreibt, geht es um Kredite, die im P2P-Prinzip vergeben werden – also von "peers" (in dem Fall einfach Individuen) direkt an andere "peers" und ohne Einbindung einer Finanzinstitution. Das heißt nicht, dass genau eine Person genau einer anderen den gewünschten Betrag leiht, sondern eher das Gegenteil: Ein Kredit setzt sich in der Crowdfunding-Variante aus der Summe der Beträge mehrerer Geldgeber zusammen. Analog kann auch ein Kreditgeber sein Kapital auf mehrere Empfänger aufteilen. Damit hat man, durch die Aufteilung des Risikos und der Durchführung und Überwachung durch eine Gruppe einen ähnlich sicheren Prozess wie bei Bankgeschäften (Everett 2010). Auch beim Crowd-Lending sollten die wechselseitigen vertraglichen Verpflichtungen zwischen dem Gläubiger aus der Crowd und dem Schuldner (dem Projektinitiator) nachweisbar und justiziabel (möglichst schriftlich) dokumentiert sein. Dies lässt sich durch Standard-Routinen und Verträge im Web 2.0 gut automatisieren, sodass der "Eingriff von Hand" und somit die Transaktionskosten weitgehend reduziert werden, wodurch letztendlich eine große Menge von Gläubigern ohne höheren Kostenaufwand verwaltet werden kann. Sowohl für eine zwischengeschaltete CF-Plattform, als auch für Serien-Kreditgeber ist jedoch das strenge Kreditwesengesetz (KWG) zu beachten, da die Grenze zu gewerblicher Kreditvergabe bzw. Kreditvermittlung leicht überschritten wird.[36]

Die Idee, dass sich Individuen (meist Freunde, Bekannte, Verwandte) ohne Mitwirken einer Bank gegenseitig Geld leihen, ist nichts Neues. Neu an dem Social Lending sind jedoch Mikro-Kredite für Projekte in Entwicklungsländern, wie z.B. MyMicroCredit.org oder die "lending communities", die als Plattformen auftreten und entweder zur einfacheren Abwicklung der Kredite von Freunden und Verwandten dienen oder aber auch neue Kreditgeber und -nehmer zusammenzuführen. Beispiele hierfür wären "Smava" oder "Peer Lending Network".

---

36 Vgl. §1 KWG.

8.1.8 Micro-Equity

In der Variante Micro-Equity begibt sich die CF-Community auf glattes Parkett, denn das Geschäft der Unternehmensbeteiligungen ist hoch reguliert und auch mit vielen rechtlichen Fußangeln ausgestattet. Anlagen und Beteiligungen (Private Equity) an junge Unternehmen zu "verkaufen" ist eine hochkomplexe Aufgabe, die Beistand von erfahrenen Anwälten, Steuerberatern, Investment-Profis und Banken erfordert. Beteiligungen werden ja verbrieft und stellen somit nach Kreditwesengesetz (KWG) und Wertpapierhandelsgesetz (WpHG) "Wertpapiere" dar (vgl. Kap. 14). Weitergabe und Ausgabe von Wertpapieren ist streng geregelt und nichts für "Do-it-Youself".[37] Das Angebot von Wertpapieren an eine breite, nicht Investment-erfahrene Öffentlichkeit gilt als "öffentliches Angebot " oder "Public Offering", an das in fast allen Ländern hohe, strafbewehrte Anforderungen bezüglich der Ausgabe eines sorgfältig erstellten und geprüften "Verkaufsprospekts" gestellt werden (vgl. Kap. 14.1). Eine "nice public website with a lot of visitors"[38] anstelle eines Prospekts würde erhebliche Probleme bereiten.

Es gibt Möglichkeiten, um diese Probleme zu umgehen und die potenziellen Unterstützer von diesem glatten Parkett fern zuhalten, so z.B. die Bildung einer geschlossenen Gemeinschaft von Unterstützern wie eines Clubs.[39] Hierbei sind die strengen regulatorischen Auflagen abgeschwächt, weil die Clubmitglieder als "qualifizierte Investoren" betrachtet werden, die weniger Anlegerschutz benötigten.[40] Viele existierende CF-Plattformen haben hierfür clevere Lösungen entwickelt (z.B. WiSeed, investiere.ch, Crowdcube, Grow VC).

Ein entscheidender begrenzender Faktor für Micro-Equity wird, im Fall von Direktinvestments, die zwangsläufig große Zahl von Investoren sein. Private Equity-Praktiker wissen, wie schwierig es ist, Beteiligungs- bzw. Gesellschaftsverträge mit mehr als

---

37 Vgl. hierzu Colosimo im Blog http://rickcolosimo.com/crowdfunding-a-start-up-rag-or-riches: "Securities law is one area ... where even lawyers (need) lawyers. This is not Do-it-Yourself". (abgerufen am 21.12.2010).

38 Ebenda.

39 Das gilt u.a. für die USA und für UK; vgl. Lawton (2010) in www.huffingtonpost.com/kevin-lawton/democratizing -venture-cap_b_792498.html (abgerufen am 01.02.2011). Für Deutschland gelten gemäß KWG Einschränkungen, wenn ein Verkaufsprospekt für Wertpapiere für eine "private" Gruppe gedacht ist, d.h. z.B. für eine vorab definierte und begrenzte Zahl von Anlegern (wie Familie) oder wenn die Anleger qualifiziert und erfahren sind und keinen Prospekt benötigen. (vgl. auch Kap. 14.1).

40 Diese Hypothese ist wirklichkeitsfremd, da die Clubmitglieder ja möglicherweise genau aus der anonymen und tendenziell unerfahrenen Crowd rekrutiert werden.

zwei Investoren zu vereinbaren. Entsprechend größer sind die Handhabungsprobleme bei vielen, gar Hunderten von Kleininvestoren.[41]

8.2 Organisation des Fundraising und intermediäre Businessmodelle

Während im Abschnitt 8.1 die unterschiedlichen Arten der Kapitalbereitstellung erörtert wurden, befasst sich dieser Abschnitt mit den in der Praxis gebräuchlichen Organisationsformen des Fundraising, unabhängig davon, ob das Kapital als Spende, Sponsoring, Vorauszahlung, Kredit oder Equity bereitgestellt wird. Da in der Praxis fast immer intermediäre Dienstleister (in der CF-Szene überwiegend Plattformen genannt) das Fundraising für die Kapital suchenden Vorhaben organisieren und durchführen, stellen die folgenden Ausführungen zumindest partiell auch die unterschiedlichen **Businessmodelle** der Intermediäre dar.

8.2.1 Crowdsourcing-Elemente in den Businessmodellen der Plattformen

Crowdsourcing gilt als Ursprung von Crowdfunding (vgl. Abschnitt 4.1). Hierbei stellt die Web-Community innovativen Vorhaben Wissen, Fähigkeiten oder Bewertungen unentgeltlich zur Verfügung. Das Prinzip der "kollektiven Intelligenz" oder auch "Schwarmintelligenz" der Masse Mensch wird hierbei genutzt, um dem Vorhaben Mehrwert zu geben. Ein Projektinitiator spart dadurch u.U. viel Geld, denn die Crowd gibt ihm Expertise umsonst. Allerdings erfordert ein solches "Crowdsourcing" im Kontext des Vorhabens den Aufbau und Betrieb eines gut organisierten und cleveren "Crowd Management Systems" (oder "Fan Management System" oder "Community Management System") nach dem Vorbild von Customer Management (CRM) Systemen. Das ist aufwändig und kommt für viele Vorhaben kaum infrage, insbesondere, wenn es sich dabei um ein einmaliges Projekt mit temporärer Bedeutung handelt. Wenn ein solches CRM-System für die Kundenpflege ohnehin geplant war (z.B. wenn das Vorhaben ein Start-up ist), wären die Zusatzkosten allerdings vertretbar.

Viele Crowdfunding-Plattformen stehen vor dem Problem, die Anfragen zu bewerten und zu selektieren, die ihnen angetragen werden. Mit zunehmender Bekanntheit der Plattform nehmen diese Anfragen exponentiell zu und das in der Regel kleine Management-Team der Plattform hat weder die Kapazitäten, noch die Ressourcen, noch das

41 Vgl. hierzu M. Zwilling im Blog http://blog.startupprofessionals.com/2010/05/crowd-funding-is-bad-approach-for.html: "...The administration of legal conditions, signatures, disclosures, and distributions is a nightmare..." (abgerufen am 27.01.2011).

Wissen, alle Projekte auf ihre inhaltlichen, innovativen oder kommerziellen Potenziale hin zu beurteilen.[42] Indem nun ein Web-basiertes, stark automatisiertes System eingerichtet wird, in dem die Crowd eine Bewertung der anfragenden Projekte anhand von werblichen Informationen, von YouTube-Clips, Musikkostproben, Textbeispielen, künstlerische Entwürfe etc. abgeben kann, die dann automatisch ausgewertet werden und zu einem automatisierten Ranking der Anfragen führt, ersparen sich die Plattformen diese oft prohibitiv hohen Screening- und sonstigen Transaktionskosten.[43] So werden von den Plattformen also immer häufiger Crowdfunding- und Crowdsourcing-Elemente kombiniert.

8.2.2 Das "Threshold Pledge System"

Das "Threshold Pledge System" steht für ein weit verbreitetes Modell, bei dem eine Schwelle ("threshold") als Mindestvolumen an Zahlungszusagen ("pledges") definiert wird, ab dem konkrete Zahlungstransaktionen eingeleitet werden. So hat jeder Crowdfunder eine gewisse Sicherheit, dass eine ausreichende Zahl von Unterstützern zusammen kommt und er andernfalls seine Zusage auch wieder zurücknehmen kann. Das Modell setzt einen Intermediär voraus, der mit dem Initiator eine finanzielle Schwelle definiert, die Werbung um Unterstützer organisiert und deren Zahlungszusagen sammelt, das Erreichen der Schwelle überwacht und dann erst das Geld entsprechend der Zusagen von den Unterstützern einsammelt und treuhänderisch verwaltet. Dann zahlt er es entsprechend dem mit dem Projektinitiator bzw. dem Start-up vereinbarten Zahlungsplan aus (u.U. in Etappen, gebunden an vereinbarte Meilensteine).

Die Unterstützer erhalten ihren Beitrag zurückerstattet, wenn a) die Schwelle nicht erreicht wurde oder b) wenn der Projektinitiator bzw. das Start-up das versprochene Produkt bzw. die versprochene Leistung nicht fertigstellen konnte.[44] In der Regel behält der Intermediär einen festen Prozentsatz (2 bis 10% von jeder Zahlungszusage) als Provision für seine Leistungen ein.

---

42 Dasselbe Problem haben auch VC-Fonds-Manager bei der Prüfung und Selektion ihres "Deal Flow".

43 Diese Erwartungen sind allerdings fragwürdig, vgl. dazu Abschnitt 12.9.

44 http://en.wikipedia.org/wiki/Threshold_pledge_system (abgerufen am 01.02.2011).

8.2.3 Das "Street-Performer-Protocol"

Das "Street-Performer-Protocol" (SPP) ist der historische Ursprung des "Threshold Pledge Systems" (s.o.). Es entwickelte sich im Bereich der Kreativwirtschaft. Hierbei kündigt ein Künstler oder Autor oder dessen Verlag an, ein künstlerisches Werk oder ein Buch zu veröffentlichen und der Allgemeinheit eine kostenlose Nutzungslizenz zu gewähren, vorausgesetzt, dass die Unterstützerbeiträge eine definierte Schwelle erreichen oder überschreiten. Die Unterstützer können einen beliebigen Beitrag "spenden". Ein Verlag, Produzent oder ein anderer Intermediär verwaltet das Treuhandkonto und organisiert die Aus- bzw. die Rückzahlungen analog dem Modell des "Threshold Pledge Systems" oben.[45] Heute ist das SPP vor allem in der Produktion digitaler Inhalte (auch Software) gebräuchlich, die leicht zu kopieren und deren Urheberrechte nur schwer zu schützen sind.

8.2.4 Das "Betting-Modell"

Das "Betting-Modell" (etwa: Wett-Modell) wird in einem Artikel von Tim Kappel (2009) als eine von zwei Varianten der von ihm "ex-ante Crowdfunding" genannten Finanzierung von Independent-Musikproduktionen dargestellt, mit der das benötigte Kapital **vor** dem Beginn der Produktion eingesammelt wird.[46] (Die zweite Variante "Investment-Modell" wird anschließend beschrieben).

Kappel schildert das Betting-Modell anhand des bis 2009 gültigen Businessmodells der britischen Plattform "SliceThePie", zu dem sicherlich weitere Varianten vorstellbar sind.[47] Es lief in zwei Etappen ab. In der ersten stellte ein Musiker seine Idee für ein neues, zu produzierendes Album in irgendeiner Weise seinem Fanpublikum vor ("Showcase-Etappe" genannt) und versucht, dafür Unterstützer einzuwerben, die sowohl Spender als auch Sponsoren sein konnten. Ab einer vorab festgesetzten individuellen Beitragshöhe wurde den Unterstützern eine Prämie versprochen (z.B. eine Kopie der zu produzierenden CD). Insofern entspricht diese Etappe dem oben beschriebenen Threshold Pledge Modell, wobei ein Intermediär als Dienstleister zwischengeschaltet ist.

In der zweiten Etappe organisierte der Intermediär eine Online-Börse, auf der Unterstützer sogenannte "Contracts" (etwa: Anteilsscheine oder Genussscheine kaufen verkaufen oder tauschen konnten. Hierfür wurde eine Anzahl von tausenden gleicher klei-

45 Ebenda.

46 Kappel (2009).

47 Das Businessmodell wurde von SliceThePie nach 2009 geändert.

ner Teile definiert (z.B. 15.000 Teile für jedes Musikalbum), das zu einem Wert von beispielsweise 1,50 Euro als "Contracts" von neuen Unterstützern erworben werden konnte. Die bisherigen Unterstützer aus der Showcase-Phase konnten die Contracts mit einem Rabatt erwerben, etwa für 1 Euro. Zwei Jahre blieb der freie Handel mit den Contracts auf der Online-Börse offen; danach wurden sie vom Intermediär zu einem Wert zurückgekauft, der sich am bisherigen Absatz des Albums orientiert: Pro 10.000 verkauften Alben war der Rückkaufswert der Contracts beispielsweise 1 Euro; bei 15.000 Stück entsprechend 1,50 Euro, sodass der Inhaber des Contracts zu Null auskam, wenn er ihn ursprünglich zum Standard-Ausgabepreis von 1,50 Euro erworben hatte; bei nur 5.000 Abverkäufen erhielt er 0,50 Euro, d.h. unter 10.000 Stück machte der Contract-Inhaber einen Verlust. Die Rendite, die die Unterstützer mit diesem Modell erzielen konnten, hing also primär vom Verkaufserfolg des Musikalbums ab, den die Unterstützer aber mit eigenen werblichen Aktivitäten (Mund-zu-Mund-Propaganda) in gewissen Grenzen beeinflussen konnten. SliceThePie gab dieses Feature des Handels mit Contracts nach 2009 mit der Begründung auf, dass der Prozess vereinfacht werden müsste und das Interesse daran bei den Unterstützern relativ gering war.

Das Modell wird deshalb "Betting-Modell" genannt, weil es weitgehend von Ereignissen und Entwicklungen außerhalb des Einflussbereichs der Unterstützer abhängt und insofern den Charakter von Glücksspiel hat. In einigen Ländern sind Geldtransaktionen im Internet, die dem Glückspiel dienen, streng reglementiert (in den USA gemäß dem Online-Gambling-Act[48] sogar verboten). Allerdings ist im Fall des "Betting-Modell" bei Juristen sehr umstritten, ob hier das Verbot anwendbar ist, weil es nicht Zufälle oder Glück sind, die den Preis der Contracts bestimmen, sondern Marktkräfte.[49]

8.2.5 Investment- oder Equity-Modelle

In Investment-Modellen erwirbt der Unterstützer ein Wertpapier, ohne Einfluss auf das Management des ausgebenden Fonds, des Intermediärs, der Holding oder des Geschäfts des Projektinitiators zu haben. Das ist nach amerikanischem Wertpapierrecht nur dann erlaubt, wenn dieses Investment-Angebot bei der "Securities and Exchange Commission" (SEC) registriert und genehmigt worden ist, was mit prohibitiv hohen Kosten und bürokratischen Hürden verbunden ist. Es gibt Umgehungsmöglichkeiten, doch diese sind zumeist ebenfalls rechtlich komplex und nur mit hohem Aufwand umzusetzen. In europäischen Ländern sind die Anforderungen zum Teil weniger streng, weshalb die unten genannten Fallbeispiele von europäischen Plattformen stammen.

---

48 Vgl. Unlawful Internet Gambling Enforcement Act of 2006, 31 U.S.C. §5361-5367.

49 Kappel (2009: 282).

Kappel beschreibt es im Zusammenhang mit den Businessmodellen der beiden im Musikgeschäft populär gewordenen Plattformen von SellaBand (vgl. Anhang A1) und Bandstocks.[50] Künstler kalkulieren die zur Realisierung ihrer Stücke notwendigen Produktionskosten und stückeln diese Summe in Tausende gleicher Teile zu festen Werten ("shares" oder "stocks"). Mit Hilfe eines Intermediärs werden diese Stocks der Fangemeinde angeboten, z.B. zu einem Preis von 10 Euro. Es wird eine Mindestschwelle definiert, ab deren Erreichen dann tatsächlich Geld fließt und damit die sogenannte "Investment-Phase" beginnt. Dies entspricht weitgehend dem oben beschriebenen Threshold Pledge System. Der Künstler bzw. die Musiker treffen mit dem Intermediär eine Vertriebsvereinbarung, wodurch Letzterer für z.B. fünf Jahre exklusive Verwertungsrechte an der Masterproduktion des Albums erhält. Die Verkaufs- bzw. Verwertungserlöse werden zwischen dem Intermediär, den Künstlern und den Unterstützern (hier Investoren genannt) nach einem vereinbarten Schlüssel aufgeteilt (z.B. 40:50:10).

Das Holding-Modell

Die britische Plattform Bandstocks betrieb im Musikbereich und die französische Plattform WiSeed betreibt noch heute auch im Nicht-Musikbereich eine Variante des oben beschriebenen Investment-Modells, das wir Holding-Modell nennen wollen. Die Variante des Investment-Modells besteht im Prinzip darin, dass der Intermediär für jedes zu finanzierende Projekt ein eigenes Unternehmen gründet[51], das seinerseits die "Stocks" an Unterstützer (Investoren) veräußert (z.B. für 10 Euro das Stück).

- Im Falle Bandstocks handelte es sich um Tochterunternehmen, die für das jeweilige Projekt gewissermaßen das Geschäftskonto verwalteten und davon auch alle Marketing-, Produktions- und Vertriebskosten des Vorhabens bestritten. Jedes dieser Tochterunternehmen erhielt auch für fünf Jahre die exklusiven Verwertungsrechte für das jeweilige Projekt und vereinnahmte die Erlöse. Der Reingewinn des Tochterunternehmens wurde nach Abschluss des Projekts zu 20:50:30 zwischen dem Mutterunternehmen (dem Intermediär), den Künstlern und den Investoren verteilt.
- Im Falle WiSeed wird für jedes Projekt eine Art Holding gegründet (unpräzise "vehicule d'investissement" genannt), die die Beiträge der Crowdfunder sammelt und gegenüber dem zu finanzierenden Vorhaben wie ein einzelner Investor neben anderen auftritt.[52]

---

50 Offenbar ist Bandstocks heute nicht mehr aktiv.

51 Unklar ist noch, wer Gründungsgesellschafter dieser Holdings sind. Welchen gesellschaftsrechtlichen Status die Unterstützer erhalten, die durch Anteilserwerb "Investoren" werden, ist ebenfalls noch zu klären.

52 Siehe www.wiseed.fr.

Faktisch übernimmt der Intermediär bei den Holding-Modellen ein Spektrum von unternehmerischen Dienstleistungen für das Projekt, die weit über die bloße Organisation des Fundraising hinaus gehen. In einem Fall (Bandstocks) fungiert der Intermediär als kaufmännischer Dienstbesorger für ein (künstlerisches) Projekt, das noch gar kein Unternehmen darstellt. WiSeed hingegen agiert wie ein professioneller VC-Fonds, der detaillierte Screenings und Due Diligences durchführt und den Initiatoren bzw. Gründern Beratung leisten.

Hybride Modelle

Eine Schweizer Plattform agiert seit 2010 als Kapitalvermittler, der Ko-Investments mit traditionellen, u.a. institutionellen VC Investoren anstrebt. Sie vermittelt individuelle Klein- und Großinvestments in einzelne Gründungsprojekte bzw. Jungunternehmen, die nach konventionellen, mehrstufigen und auch aufwendigen Vorchecking- und Due-Diligence-Verfahren ausgewählt werden. Bei der Betreuung der Portfoliounternehmen können sich die Kleininvestoren beteiligen, wobei explizit auch die "Weisheit der Crowd" erwähnt wird, also ein Crowdsourcing-Element angesprochen wird. Nach Abschluss des Selektionsverfahrens wird zusammen mit traditionellen bzw. institutionellen Investoren investiert. Im Unterschied zu den Gepflogenheiten vieler anderer Plattformen, aber auch von VC Gesellschaften, bemüht sich diese Plattform jedoch besonders um eine Vielzahl von "in Finanzangelegenheiten erfahrenen" Kleininvestoren oder um Business Angels und bewirbt sie per Internet-Plattform und Sozialen Medien. Sie stellt auch den Informationsaustausch zwischen dem Kapital suchenden Jungunternehmen und den interessierten Kleininvestoren her und pflegt diese Verbindung. Da aber die Mindestinvestition ca. 8.000 Euro beträgt, übersteigt dieses Modell bewusst die (finanziellen) Möglichkeiten der "Crowd" und ist daher als Hybridform zwischen traditionellem Venture Capital und Crowdfunding zu kategorisieren. Die Kleinanleger können auf drei Wegen in Start-ups investieren:[53]

- Sie können sich beispielsweise direkt über Namensaktien am Unternehmen beteiligen. Dabei würden die Mitbestimmungsrechte in einem sogenannten Aktionärsbindungsvertrag eingeschränkt.[54]
- Alternativ ist der Erwerb von Partizipationsscheinen möglich. Damit bekommt der Anleger volle Vermögens-, aber keine Mitspracherechte.

---

53 Quelle: Die Schweizer Plattform.

54 Zur Klarstellung: in der Schweiz sind kleine Aktiengesellschaften eine sehr häufige Rechtsform auch für junge Unternehmen.

- Die dritte Variante ist ein fiduziarisches Modell: ein Treuhänder vertritt die Rechte der Kleinaktionäre.

Das komplexe Modell von Grow VC

Schon im Namen bekennt diese seit 2010 agierende finnische Plattform, dass sie VC-Investments anstrebt, d.h. Investoren für Start-ups vermittelt und selbst vornimmt. Sein Businessmodell ist recht kompliziert. Die Basis ist eine sogenannte Grow VC-Community, von der (mit einer Ausnahme) gestaffelte Mitgliedsbeiträge erhoben werden (Subskriptionen). Von allen Mitgliedsbeiträgen gehen 75% in einen Gemeinschaftsfonds ("Grow VC Community Fund"), der in die Start-ups investiert.[55] Allen zahlenden Mitglieder werden über ein komplexes, gestaffeltes Gewinnausschüttungssystem Anreize geboten, ihr Wissen und ihre Expertise zur Bewertung und zum Rating der attraktivsten aus dem vorhandenen Portfolio anfragender Kapital suchender Start-ups einzubringen und damit an dem Investment-Entscheidungsprozess aktiv mitzuwirken ("peer-reviewing"). Dies ist eine weit gehende Crowdsourcing-Funktion. Individuen können in verschiedenen Rollen mitwirken:[56]

- Als Besucher ("person"): kostenfrei, jedoch mit geringen Informations- und Mitwirkungsrechten.
- Als Entrepreneur (Mitgliedsbeitrag ab 150 US Dollar p.a.[57]): Gründer eines Start-ups müssen sich kostenpflichtig registrieren und bieten der Grow VC-Community auf der Plattform aussagekräftige Informationen über das Gründungsprojekt, einschließlich Businessplan etc. Sie können mit beliebigen Personen in der Community (z.B. Investoren oder Beratern) bilateral kommunizieren.
- Als Financier ("funder") (Mitgliedsbeitrag ab 150 US Dollar p.a.): Dies sind Individuen, die als Privatinvestoren, Angels oder in VC-Fonds tätig sind. Sie führen die Bewertungen und Entscheidungen über zu finanzierende Start-ups durch; sind also qualifizierte Investoren, die i.d.R. auch außerhalb der Grow VC-Plattform Investments tätigen. Sie müssen der Community ihre Expertise und ihre finanzielle Potenz glaubhaft machen (im kostenpflichtigen "funder profile"). Wenn sie, parallel zum Investment des Grow VC Community Fund eigene Direktinvestments in Start-ups machen, sind diese provisionsfrei.
- Als Experte (Mitgliedsbeitrag ab 800 US Dollar p.a.): Experten üben in der Grow VC-Community diverse Rollen aus: z.B. Beratung der Start-ups, Organisation von unterstützenden Dienstleistungen für die Start-ups, Management-Hilfen im Invest-

55 Stolze 25% dienen zur Finanzierung des Grow VC-Betriebs.

56 http://www.growvc.com/blog/2010/02/grow-vc-model-in-full-detail/ (abgerufen am 31.03.2011).

57 Die Mitgliedsbeiträge sind nach Investmentvolumina gestaffelt.

ment-Prozess etc. Mit seinem vollen Mitgliedsbeitrag hat der Experte umfassende Informationsrechte in der Community; insbesondere hat er Zugang zu allen Start-up-Profilen. Experten können ihre Expertise in Form von "Sweat Equity" als geldwerte Beratungsleistung in ein Start-up investieren.

Der Grow VC Community Fund, der vom Grow VC-Management verwaltet wird, investiert auf Basis der von allen zahlenden Mitgliedern durchgeführten Ratings in die infrage kommenden Start-ups. Die Mitglieder werden selbst nach einem komplizierten, multikriteriellen Verfahren geratet und erhalten etwaige Gewinnausschüttungen aus erfolgreichen Exits der Portfoliounternehmen, gestaffelt nach ebendiesem Mitgliederrating.[58]

Das FFF-Equity-Modell

Die hohen Zulassungsregeln für Wertpapierangebote können teilweise umgangen werden, indem das Angebot nicht in einem "public offering" einer breiten Öffentlichkeit gemacht wird, sondern einer beschränkten Zahl von Unterstützern (Kleininvestoren). So bietet die britische Plattform Crowdcube den Freunden und Familienmitgliedern[59] des Entrepreneurs Equity an. Hier gelten eingeschränkte Regularien.[60]

58 Quelle: http://www.growvc.com/blog/2010/02/grow-vc-model-in-full-detail/ (abgerufen am 31.03.2011).

59 Umgangssprachlich nennt man diese Gruppe gern FFF = "Family, friends and fools".

60 Vgl. Fußnote 39.

9 Crowdfunding-Bezahlsysteme

9.1 Übersicht

Die Realisierung der physischen Zahlungsvorgänge stellt an die Organisation von CF-Prozessen aus folgenden Gründen eine kritische Anforderung dar:

- Die Akteure bewegen sich an der Grenze zu zulassungspflichtigen Bankgeschäften nach KWG,
- zur Bewältigung großer Transaktionszahlen sind die Prozesse missbrauchssicher zu automatisieren,
- hohe Datenschutzanforderungen sind einzuhalten und
- Kooperationen mit Micropayment-Providern und/oder Banken zur Zahlungsabwicklung sind unerlässlich.

Die Zahlungsvorgänge bei Crowdfunding müssen aber nicht zwangläufig online-basiert sein; vielmehr finden sich Kombinationen klassischer und Web-basierter Zahlungsformen. Folgende Bezahlsysteme sind derzeit im Einsatz:

Herkömmliche Zahlungswege:

- klassische Kreditkartenzahlung (on- und offline),
- Banküberweisung (on- und offline),
- Lastschriftverfahren.

Web-basierte Zahlungswege:

- Sofortüberweisung.de,
- PayPal,
- Click&Buy,
- FidorPay,
- MoneyBookers,
- Checkout by Amazon,
- Authorize.net.

Manche Plattformen bieten mehrere Zahlungswege in Kombination oder alternativ an. Bei Einzelbeträgen unter etwa 3 Euro sind Transaktionskosten für viele klassische Zahlungswege (z.B. Kreditkarten oder klassische Banküberweisungen) zu hoch, sodass sie sich schon von daher ausschließen. Daher sind kostengünstige Transaktionsformen erforderlich, zu denen die hoch automatisierten online-Micropayment-Systeme zählen (PayPal, Click&Buy usw.). Bei manchen Plattformen wie Kachingle, Flattr,

SellaBand oder Startnext zahlen die Kunden mittels beliebiger Zahlungswege auf ein Onlinekonto ein Guthaben ein, das dann in Mikroportionen abgebucht werden kann.

Dieser Markt ist derzeit sehr dynamisch und ist daher laufend zu beobachten; ständig entstehen auch auf diesem Feld neue Micropayment-Angebote. Die deutschen Plattformen, die sämtlich noch jung sind und erste Praxiserfahrungen sammeln, experimentieren daher regelmäßig mit neuen Kombinationen von Bezahlsystemen. Viele bekannte Webdienstleister wie Ebay, Google, Amazon und andere führten inzwischen ihre eigenen Mikrozahlungssysteme ein und bieten diese auch Dritten an.

Die Verfahrensschritte in solchen Bezahlsystemen werden auf den Homepages der Plattformen nur ausnahmsweise im Detail beschrieben. Hierzu zählt eine deutsche Plattform, deren Bezahlvarianten in den folgenden Abschnitten beispielhaft erläutert werden.

9.2 Beispiel für ein kombiniertes Bezahlsystem einer deutschen der Plattform

Auf dieser Plattform kann man derzeit (Juli 2011) mit vier Methoden Geld an Initiatoren eines Projekts bzw. an die Projekte überweisen. Die Schritte werden wie folgt beschrieben: [61]

1. FidorPay,
2. PayPal,
3. Sofortüberweisung,
4. Überweisung.

Für den Geldgeber (auch "Supporter" genannt) sind alle Zahlungsmethoden zunächst kostenfrei. Es gibt jedoch Unterschiede und Besonderheiten, weswegen es sich lohnt, vor einer Unterstützung genau zu überlegen, welche Zahlungsmethode individuell die Beste ist.

61 Quelle: www.startnext.de (abgerufen am 20.07.2011).

Abbildung 12: Merkmale der Bezahlvarianten[62]

	FidorPay	Paypal	sofortüberweisung.de	Banküberweisung
Leistungsumfang				
Kostenloser Dienst	✓	✓	✓	✓
Anmeldung erforderlich	✓	✓	✓	✓
Startguthaben	15 €			
Projektunterstützung sofort online sichtbar	✓	✓	✓	
Gebührenfreie Rückbuchung	✓		✓	✓
Transaktionszeitpunkt	bei Projekterfolg, vorher Konto geblockt	immer ad-hoc bei Buchung	immer ad-hoc bei Buchung	immer ad-hoc bei Buchung, ggf. verzögert bei beleghafter Überweisung
International nutzbar	-	✓	-	✓
Sicherheit	SSL-, HTTPS-Verschlüsselung, mTan	SSL-, HTTPS-Verschlüsselung, Login	SSL-, HTTPS-Verschlüsselung, TÜV-zertifiziert, Login, PIN, Tan	je nach Bank
International nutzbar	-	✓	-	✓
Kosten bei Finanzierungserfolg				
Transaktionsgebühren	0%	gem. PayPal-Tarifen	1%	0%
Kosten bei Nicht-Erfolg				
Transaktionsgebühren	0%	v. Plattform getragen		0%
Kosten bei Spenden				
Transaktionsgebühren	0%	gem. PayPal-Tarifen	1%	0%

Quelle: Startnext

62 Quelle: Ebenda.

FidorPay (virtuelles eGeld-Konto der Fidor Bank AG; ähnlich PayPal)

FidorPay ist virtuelles eGeld über ein Konto der deutschen Fidor Bank und ist die Alternative zum amerikanischen Pendant "PayPal".

Da nicht jedes unterstützte Projekt später auch wirklich realisiert wird, ist es wichtig, dass die Gelder problemlos und kostenfrei "geparkt" werden können. Das sogenannte "Alles-oder-Nichts-Prinzip" soll Qualität sichern, verursacht allerdings Kontobewegungen. Der FidorPay-Account ist ein kostenfreies eGeld-Konto, das auf die Prozesse von Startnext angepasst wurde (und weiter angepasst wird). Die Vorgehensweise ist wie folgt:

1. Es muss zunächst für jeden Unterstützer ein FidorPay-Account auf www.fidor.de angelegt werden.
2. Der FidorPay-Account wird mit dem Unterstützer beim Unterstützungsvorgang einmalig verknüpft. (Bei der Registrierung auf der Plattform gibt es einen Bonus von 15 Euro).
3. Der Account wird per Bankverbindung und **mTan** verifiziert und ist somit gesichert.
4. Auf dieses Konto muss Geld überwiesen werden (z.B. via Sofortüberweisung oder klassischer Banküberweisung).
5. Dieses Geld kann dann ohne weitere Transaktionskosten in Projekte investiert werden.
6. Das Geld verlässt dabei nicht den FidorPay-Account des Supporters, es wird lediglich geblockt. Auf dieses Kapital gibt es sogenannte "Rewards", vergleichbar mit Zinsen auf das eGeld-Konto).
7. Wenn eine Finanzierungsrunde erfolgreich beendet ist, d.h. wenn das Zielvolumen an Zahlungszusagen erreicht ist, wird der geblockte Betrag auf den FidorPay-Account des Projekt-Initiators gebucht.
8. Bei Nichterreichen des Zielvolumens wird der geblockte Betrag auf dem FidorPay-Account des Supportes wieder freigegeben, sodass der Betrag nun für ein Investment in andere Projekte zur Verfügung steht. Dabei entstehen keine Transaktionskosten.

Sofortüberweisung.de

Hierbei handelt es sich praktisch um Vorkasse durch eine schnelle Form der Online-Banküberweisung mittels der sogenannten Web-Plattform "sofortüberweisung.de". Man spart sich hierbei die Anmeldung eines eGeld-Kontos wie oben bei FidorPay. (Bei

Rückbuchung entstehen allerdings Kosten von ca. 5-10%). Es gelten folgende Regeln:[63]

1. Jeder Supporter mit einem Plattform-Account und einer von "sofortüberweisung.de" verifizierten Bank kann direkte Überweisungen über diesen Dienst vornehmen.
2. Der gewählte Unterstützungsbetrag kann direkt durch Eingabe von Kontonummer, PIN und Tan auf der gesicherten Verbindung von sofortüberweisung.de an das Transferkonto der Fidor Bank überwiesen werden. Dieser Vorgang ist TÜV zertifiziert.
3. Der Betrag wird dem Projektbudget sofort gutgeschrieben.
4. Das Geld verlässt das Konto des Supporters und wird auf einem Transferkonto (treuhänderisch) durch die Fidor Bank für das jeweilige Projekt geblockt.
5. Wenn ein Projekt erfolgreich finanziert ist, d.h. wenn der Zielbetrag erreicht ist, wird der Betrag durch die Fidor Bank direkt auf den FidorPay-Account des Projekt-Starters weitergeleitet (s. oben).

Per klassischem Überweisungsträger

Dieser klassische Weg einer Vorkasse mit einem Überweisungsträger ist ebenfalls möglich. Die Plattform empfiehlt hierfür einen von ihr gestalteten und generierten Beleg, um Fehler zu vermeiden. Der Vorgang verursacht Laufzeitverzögerungen, auch bei etwaigen Rückbuchungen. Hier ist das Vorgehen wie folgt:[64]

1. Jeder Supporter mit einem Plattform-Account kann einen Überweisungsauftrag generieren.
2. Der Überweisungsvordruck kann ausgedruckt werden.
3. Die Kontodaten können aber auch manuell in einer Online-Überweisung oder auf einen Überweisungsträger übertragen werden.
4. Entscheidend für den Erfolg der Überweisung sind die korrekten Projekt-Konto-Kenndaten sowie eine Transaktionskennung, welche die eigentliche "Funding-Vorgangsnummer" beinhaltet.
5. Der Überweisungsträger sollte innerhalb von fünf Tagen bei der kontoführenden Bank eingegangen sein.
6. Sollten Daten auf dem Überweisungsträger nicht übereinstimmen, wird die Buchung storniert, ebenso der "Funding-Vorgang" der Plattform.

---

63 Vgl. Fußnote 61.

64 Ebenda.

7. Der Betrag wird dem Projektbudget verzögert gutgeschrieben (erst nach Eingang auf dem Fidor-Transferkonto).

Verfahren bei Nichterfolg des Projekts

Ein Projekt gilt – aus der Sicht der intermediären Plattform – als nicht erfolgreich, wenn innerhalb des vorher festgelegten Zeitrahmens die zugesagten Unterstützerbeiträge nicht den gewünschten Zielbetrag erreichen konnten. Beim obigen Bezahlungssystem gibt es dann vier Alternativen, wie mit dem geparkten, bisher angesammelten Budget verfahren werden kann:[65]

1. Das Budget wird komplett an einen von der CF-Plattform verwalteten Fonds überwiesen und unterstützt dort neue Projekte; der Supporter erhält kein Geld zurück.
2. Das Budget wird dem Unterstützer auf dessen Wunsch auf einem FidorPay-Transferkonto zugänglich gemacht. Er kann nach Aktivierung des Transferkontos das Geld auf sein Referenzkonto umbuchen, ohne weitere Kosten.
3. Das Budget wird auf Wunsch des Unterstützers durch die Fidor Bank an ein Bankkonto überwiesen.
4. Der Unterstützer kann das Geld in ein anderes Vorhaben investieren.

---

65 Ebenda.

10 Einsatzbedingungen für Crowdfunding

10.1 Erfolgs- und Misserfolgsfaktoren

In der noch spärlichen Literatur über Crowdfunding lassen sich schon erste, z.T. auch empirisch belegte Einschätzungen über Erfolgs- und Misserfolgsfaktoren des CF-Vorgangs finden. Wir stellen diese hier aus diversen Quellen zusammen, partiell ergänzt um Analogien aus der umfangreichen Erfolgsfaktorenforschung für Unternehmensgründungen[66] sowie um unsere eigenen Thesen.

Erfolgs- bzw. Misserfolgsfaktoren sind für ein CF-Projekt zu unterscheiden danach, ob das Vorhaben einen intermediären Dienstleister bzw. eine Plattform nutzt oder nicht. Hierbei ist abermals darauf hinzuweisen, dass der Erfolg einer Fundraising-Aktion nichts über den späteren künstlerischen, gesellschaftlichen oder kommerziellen Erfolg des zu finanzierenden Vorhabens aussagt; dieses kann aus diversen Gründen trotz der scheinbar "erfolgreichen" Crowd-Finanzierung scheitern.

10.1.1 Allgemein gültige Erfolgsfaktoren

Unabhängig von der Einschaltung eines Intermediärs gelten allgemeingültige Erfolgsfaktoren wie folgende:

- Die Projektidee kann eine große Zahl von Personen begeistern,
- Es wird eine sorgfältige und Zielgruppen-spezifisch vorbereitete Informationskampagne durchgeführt bzw. eine entsprechende Kommunikationsstrategie entwickelt, wie z.B.
  - kurzer Video-Clip über die Person und das Projekt auf einer eigenen oder fremden Webseite (z.B. YouTube) nach dem Motto: "Ein Bild sagt mehr als tausend Worte". Ein Clip, in dem nicht nur das Projekt, sondern auch der Initiator vorgestellt wird und die Zielgruppe direkt angesprochen wird, schafft eher (emotionale) Bindung und Vertrauen.
  - Kurze Information: Beim Surfen schaut der jüngere Web 2.0-Nutzer eher einen kurzen Clip an, als einen (langen) Text zu lesen (insbesondere, wenn er verschiedene alternative Projekte vergleicht).
- Unterstützern werden kreative und einzigartige Belohnungen oder Anerkennungen ("Rewards") angeboten (s. Abschnitt 4.5)
- Es herrscht Transparenz über die spezifische Verwendung des eingesammelten Geldes:

66 Siehe die Übersicht im Anhang von Hemer et al. (2007).

- Es wird deutlich gemacht, wofür das Geld gebraucht und eingesetzt wird, einschließlich einer Beschreibung, was mit dem Geld geschieht, wenn sich das Projekt anders als geplant entwickelt oder es abgebrochen werden muss.
- In Sektoren, in denen Projekte üblicherweise eher kleindimensioniert sind (wie die freie Kreativwirtschaft) sollten große Vorhaben in kleine greifbare Teilprojekte aufgeteilt und hierfür die einzelnen Phasen separat finanziert werden, da es leichter ist, vier mal 5.000 Euro mit spezifischer Verwendung zu erreichen, als einmal pauschal 20.000 Euro für das ganze Projekt.

- Vorhandensein einer möglichst breiten Unterstützer-Community: Fans und Schlüsselpersonen aus der Zielgruppe als Unterstützer zu gewinnen und dafür eine neue Community neu aufzubauen, ist besonders schwierig, während bei einer einschlägigen Plattform u.U. bereits eine (bewährte oder erfahrene) "Community" vorhanden ist, auf die man zurückgreifen kann.
- Regelmäßige Kommunikation mit den Unterstützern, um ihr Engagement zu pflegen: Projekte, die regelmäßig mit den Fans über den Projektstand kommunizieren, z.B. mit Hilfe von Bildern, Filmen, Projektupdates, Postings via Twitter und Facebook usw., erreichen mehr Fans, gewinnen diese leichter für die Projekt-Homepage und machen sie auch vermehrt zu materiellen und ideellen Förderern des Projekts.
- Die Zielgruppen sind sauber zu definieren (s. Abschnitt 10.2).
- Multiplikatoren und Protagonisten: Einflussreiche Schlüsselpersonen aus der Zielgruppe helfen, in der Crowd Vertrauen auszubilden ("Signalling-Effekt"). Die Projektinitiatoren sollten versuchen, sie als Protagonisten für das Vorhaben zu begeistern, sodass sie Informationen über das Vorhaben in ihren persönlichen Netzen bereitwillig weiter verbreiten. Solche Schlüsselpersonen können sein:
  - Blogger,
  - Moderatoren von Internetforen,
  - Administratoren von Facebook-Gruppen oder anderen Sozialen Netzwerken,
  - Geschäftsführer, leitende Personen von Organisationen, die zu den Stakeholdern, potenziellen Kunden, Nutzern oder Unterstützern/Investoren des zu entwickelnden Produkts/Dienstes gehören. Sie werden als mögliche Multiplikatoren bei den Angehörigen der Organisationen angesprochen,
  - Prominente, Schauspieler,
  - renommierte Wissenschaftler,
  - bekannte (ehemalige) Politiker,[67]
  - klassische Medien und Journalisten.

---

67 So spendete der Ex-US-Vizepräsident Al Gore für das Solarflugzeug Solarimpulse (vgl. http://www.solarimpulse.com/supporters_program/index.php?lang=de).

- Sorgfältige Planung der Fund-Raising-Kampagne: Crowdfunding lässt sich bei ein und demselben Vorhaben in der Regel nicht wiederholt anwenden; "der erste Schuss muss treffen". Es ist schwieriger, die ersten Spender zu finden als die letzten. Daher ist für die Suche nach Erstspendern besondere Mühe und Sorgfalt einzusetzen. Das sind oft Freunde, Fans und Familienmitglieder ("FFF") oder Personen, mit denen man vorher schon projektbezogenen Kontakt hatte.
- Der finanzielle Aufwand zur Durchführung einer CF-Kampagne muss in einem angemessenen Verhältnis zu den zu erwartenden Kapitalzuflüssen stehen. Unter Umständen ist es – im Einzelfall – leichter, billiger und schneller, eine staatliche Förderung, eine Bank-, eine Business Angel- oder eine VC-Finanzierung einzuwerben.

10.1.2 Erfolgsfaktoren bei Nutzung eines Intermediärs

Zu den obigen allgemeingültigen Faktoren können ergänzend folgende treten, wenn das Vorhaben eine intermediäre Dienstleistungsplattform nutzt:

- Möglichkeit des vorzeitigen Schließens der Kampagne: Bei vielen Plattformen wird die wirksame Auszahlung der zugesagten Finanzierungsbeiträge nur nach Erreichen eines vorab definierten Zielbetrags ausgelöst ("Alles-oder-Nichts-Prinzip"). Wird diese Zielgröße vor Ablauf der Frist möglicherweise und erkennbar nicht erreicht, könnte der fehlende Betrag aus anderen Mitteln aufgefüllt werden, um die bisher zugesagten Mittel nicht zu verlieren (vgl. dazu auch die Beschreibung eines Bezahlvorgangs in Abschnitt 9.2), z.B. durch Einsatz von Eigenmitteln des Initiators, Mitteln aus der FFFFF-Community, durch Darlehen Dritter oder durch einen "Großspender".
- Erfahrung des Intermediärs: Die Erfolgswahrscheinlichkeit steigt mit einer CF-Plattform, die bereits über eine bewährte und "spendenwillige" Community verfügt, möglicherweise nach Fachgebieten, Themen oder Projektarten differenziert, und dessen Fundraising- und Bezahlprozeduren sich bereits in vielen anderen Projekten bewährt haben.

10.2 Definition und Mobilisierung der Zielgruppen

10.2.1 Arten von Zielgruppen

In jedem "CF-Projekt" agieren mehrere Akteure (s. Abschnitt 6.1). Dazu zählen auch unterschiedliche "Zielgruppen", die mit dem Start eines CF-Vorhabens anzusprechen bzw. deren Interessen zu beachten sind. Es muss dem Projektinitiator wie auch dem Intermediär analytisch klar sein, welche Art von Zielgruppe im konkreten Kontext gemeint ist. Auf die jeweiligen Zielgruppenprofile muss der ganze Webauftritt und die werbliche Kommunikation zugeschnitten sein. Hier folgt ein Vorschlag, wie die Zielgruppen, mit denen wir es bei Crowdfunding zu tun haben, voneinander abgegrenzt werden können:

Zielgruppe A:

Die **künftigen Nutzer** der im Rahmen des zu finanzierenden Vorhabens entwickelten Produkte, Dienstleistungen, Plattformen oder Events. Diese sind letztlich die Marktteilnehmer. Beispiele:

- Leser eines Buches, Käufer einer CD usw.,
- Besucher eines Film oder eines Theaterstücks,
- Besucher einer neuen Galerie oder eines neuen Museums,
- künftige Kunden des entstehenden Start-ups,
- künftige Kunden für das neue Produkt/die neue Dienstleistung eines bestehenden Unternehmens,
- Stromkunden, die die Entwicklung neuer regenerativer Energietechnologien fördern, um später davon zu profitieren,
- Idealisten und Wissenschaftler, die ein Forschungsprojekt unterstützen, um bestimmte wissenschaftliche Erkenntnisse zu verbreiten oder populär zu machen (z.B. unbequeme Klimaforschungserkenntnisse).

Zielgruppe B:

Das sind **potenzielle Unterstützer** des zu finanzierenden Vorhabens (Spender und Sponsoren, Investoren, Kreditgeber, Mäzene). Diese werden in vielen Fällen, aber nicht notwendigerweise, gleichzeitig auch zur Zielgruppenkategorie A zählen. Unterstützer, die nicht zur Kategorie A zählen, sind z.B. renditeorientierte Investoren, denen die Inhalte ihrer Investitionsobjekte u.U. durchaus gleichgültig sind.

Zielgruppe C:

Stakeholder einer bestehenden Organisation, die das neue Vorhaben initiieren will (z.B. Stiftung, Verein, Unternehmen oder Forschungseinrichtung). Diese Stakeholder sind Gesellschafter, Aktionäre, Vereinsmitglieder, Boardmitglieder, Träger usw. Sie sind häufig auch die heutigen oder früheren Unterstützer oder Gründer der betreffenden Organisation und haben aus verschiedenen Gründen ein Interesse an dem Erfolg des Vorhabens. Ferner gehören zu dieser Kategorie auch Kreditgeber, Gewerkschaften, Parteien, Behörden, Kirchen und andere gesellschaftliche Gruppen. Die Interessen aller Stakeholder müssen bei der Durchführung eines CF-Vorhabens gewahrt werden, weshalb die Projektkonzepte und Businesspläne der Vorhaben diese Interessen antizipieren sollten.

10.2.2 Werbliche Ansprache von Unterstützen

Die werbliche Ansprache der potenziellen Unterstützer des Vorhabens gehört zu den oft unterschätzten Aufgaben im Zuge eines Fundraising-Projekts. Analytisch ist hierbei zu unterscheiden zwischen

a) der reinen **Bereitstellung** bzw. **Verbreitung** von Informationen zu dem Vorhaben, was i.d.R. mit keiner Interaktion mit den Unterstützern verbunden sein muss. Als Medien zu dieser Bereitstellung kommen folgende Beispiele infrage:
   - "Litfaßsäulen", öffentl. Plakatierung,
   - Auslage auf Messeständen,
   - Printmedien (Beilagen, redaktionelle Beiträge oder Werbeanzeigen),
   - Postwurfsendungen, Hausverteilung u.ä.,
   - Werbung auf Webseiten,
   - Radio- oder TV-Hinweise (z.B. redaktionelle Features oder Werbesendungen),
   - Beilagen oder Attachments zu E-Mails, postalische Briefe,
   - projektbezogene Seiten auf den Homepages der Intermediäre (Plattformen), u.U. mit Text, Videoclips über das zu finanzierende Projekt oder mit Musikbeispielen,
   - Mund-zu-Mund-Propaganda,
   - dedizierte Webseiten oder Postings auf Blogs, Vlogs (z.B. YouTube),
   - virales Marketing über die Sozialen Netze in Web 2.0,

und

b) den Anlässen, zu denen die Zielgruppe der (potenziellen) Unterstützer die Werbebotschaft **zur Kenntnis nimmt** bzw. nehmen soll und mit denen bei ihnen ein Impuls zur näheren Befassung damit ausgelöst wird. Dieser soll dann zu einer aktiven Interaktion mit den Initiatoren des Projekts führen.

Da bei Crowdfunding immer kostengünstige Aktionen gesucht werden, weil es den Initiatoren an Kapital mangelt (sonst wäre Crowdfunding gar nicht notwendig), kommen viele klassische Werbeträger zur Bereitstellung der Information aus Kostengründen i.d.R. gar nicht infrage. Jedoch lassen sich aus eigener Erfahrung des Fraunhofer ISI relativ leicht Medien und Journalisten gewinnen, redaktionelle Beiträge in ihren Medien zu erstellen – kostenlos für die Initiatoren.[68] Diese Beiträge lösen damit eine Lawine

68 So erfahren bei der Mobilisierung deutscher Business Angels Ende der 1990er Jahre.

bei vielen klassischen Medien aus, indem alle voneinander "abschreiben" bzw. was zu wachsenden Interviewanfragen bei den Initiatoren der Vorhaben führt. Dieser Schneeballeffekt ist gezielt zu nutzen. Noch wirksamer ist allerdings der "virale Effekt" durch gezielte "Postings" in den Sozialen Medien.

11 Vor- und Nachteile von Crowdfunding

Um Vor- und Nachteile von Crowdfunding erörtern zu können, müssen verschiedene Perspektiven eingenommen werden: die Sicht des Initiators eines Vorhabens oder des Gründers eines Start-ups und die Sicht der Geldgeber und Unterstützer.

11.1 Vorteile aus Sicht der Initiatoren

- CF ermöglicht den Start von Vorhaben, die (noch) keine Lobby haben und/oder die keine andere Finanzierung finden (können).
- Die Crowd kann u.U. relativ schnell mobilisiert werden (über "virales Marketing" in wenigen Tagen), sodass das Vorhaben kurzfristig realisierbar ist. Solche CF-Kampagnen können schon in wenigen Wochen erfolgreich abgeschlossen werden. Das gilt umso mehr, wenn eine einschlägig interessierte Community bereits existiert und leicht adressierbar ist.
- Es existieren wenige formale Verpflichtungen gegenüber Spendern. Allerdings sind Prämien als Gegenleistung inzwischen Standard und es entstehen ethisch motivierte Verpflichtungen zur Erfüllung der Prämienversprechungen, zur Wahrung des vom Spender gewährten Vertrauens etc.
- Die Crowd bildet die Basis des zukünftigen Markts.
- Multiplikatorwirkung und Signalling: Über eine Community von Unterstützern zu verfügen, bedeutet, dass es bereits potenzielle und u.U. auch kaufkräftige Kunden gibt, die das Produkt/die Dienstleistung schätzen, sodass sie ihrerseits Empfehlungen und Produktinformationen in ihren eigenen persönlichen Netzen weiter verbreiten und somit als Werber agieren. Damit geben sie aber auch anderen potenziellen Crowdfundern, anderen Investoren und Banken ein wichtiges positives Signal.
- Die Crowd besitzt – so ist die verbreitete These (vgl. Surowiecki 2004) – "kollektive Intelligenz" oder die "Weisheit der Menge". Wenn der Initiator des Projekts diese aktiv anzapft (eine Form des Crowdsourcing; siehe auch Abschnitt 8.2.1) und für seine Entscheidungsfindung, für seinen Designprozess, für Marktforschung, für Produkt- und Markttests etc. nutzt, kann er u.U. einen höheren Mehrwert erzielen, als wenn er sich auf eine limitierte Zahl von Beratern oder auf externe Gutachten und Analysen verlässt.
- CF ist derzeit weitgehend ungeregelt, sehr informell und flexibel. Es lässt viel Spielräum für individuelle Ausgestaltungen, was sich auch an der Vielfältigkeit der neu entstehenden CF-Projekte zeigt.

11.2 Nachteile aus Sicht der Initiatoren

- Der Initiator oder Gründer muss vertrauliche Informationen über seine Projekt- oder Geschäftsidee an eine u.U. unüberschaubare Vielzahl ihm zunächst unbekannter Unterstützer preisgeben, was eine reale Gefahr des Know-how-Abflusses und des

Ausspähens von Ideen bzw. Geschäftsgeheimnissen mit sich bringt. Für wenig erklärungsbedürftige Geschäfts- oder Produktideen, die zwar innovativ, aber auch leicht zu kopieren sind, eignet sich das CF-Konzept daher weniger und führt bei einigen Projektinitiatoren auch zu Zurückhaltung, Crowdfunding zu nutzen.

- Der Aufbau einer Web-Community ist für den Projektinitiator u.U. sehr kosten- und personalaufwändig, es sei denn, er war schon vorher im Internet gut vernetzt. Der dafür notwendige Aufwand wird durch die zu erwartenden CF-Erlöse möglicherweise nicht hinreichend kompensiert.
- Eine aktive, gut informierte Crowd kann auch Management-Entscheidungen des Gründers/Initiators öffentlichkeitswirksam stören (z.B. durch "viralen" Protest im Web), wenn sie nicht mit ihnen einverstanden ist. Insbesondere gilt dies, wenn sich die Projektziele oder die Unternehmensstrategien ändern. Das Projekt wird dadurch u.U. vom Wohlwollen der Crowd abhängig.
- Wollen Initiatoren/Gründer/Entrepreneure die Unterstützer-Community pflegen (s. oben unter Vorteile), ist regelmäßige Interaktion mit der Crowd notwendig. Das ist aufwändig, kostenträchtig und erfordert u.U. das in Abschnitt 8.2.1 erwähnte Crowd-Management-System (ähnlich CRM-System).
- CF hat (noch) kein positives Image. Für viele Akteure könnte Crowdfunding wie eine anarchistische Pflanze aus dem Dunstkreis von Web-, Social Media- und Computerfreaks erscheinen; manche Kapitalgeber aus dem formalen Segment (Banken, VC- und PE-Fonds, Unternehmen) könnten Investments in Projekte/Start-ups daher ablehnen, wenn diese vorher über Crowdfunding anfinanziert worden waren.[69]
- Viele reale Projekte, die zunächst per Crowdfunding finanziert worden waren, entwickeln sich unerwartet zu erfolgreichen Highflyern (z.B. TikTok bzw. LunaTik, Diaspora, Gliff etc.). Handelt es sich dabei um kommerziell agierende Start-ups, die nennenswerte Gewinne erzielen, wird sich bei den ursprünglichen Spendern, die den Erfolg erst möglich gemacht haben, möglicherweise irgendwann ein Anspruch auf angemessene Gewinnbeteiligung entwickeln, auch wenn dies vorher nicht verabredet oder versprochen war. Dies birgt Konfliktpotenzial.

11.3 Risiken aus der Sicht der Unterstützer/Geldgeber

- Die Bereitstellung von Kapital ist auch bei Kleinstbeträgen sehr riskant für die Geldgeber (Gefahr des Totalverlusts), denn entweder sind keine Rückzahlungen, Gewinnbeteiligungen, Dividenden oder Zinsen vereinbart oder – bei Micro-Equity – sind die individuellen Einflussmöglichkeiten zu klein, um den eventuellen Verlust der Einlage durch Intervention in das Management der Vorhaben verhindern zu können.

---

69 Eine vergleichbare Ablehnung zeigten anfänglich (etwa 1998 bis 2001) einige Akteure im etablierten deutschen VC-Markt gegenüber der damals gerade erst entstehenden Business Angel-Finanzierung.

- Spender und Sponsoren haben fast keinen Einfluss auf die Verwendung ihrer Spende. Hier ist das Risiko des Missbrauchs durch den Initiator real, insbesondere, wenn kein Intermediär eingeschaltet ist.
- Hoch wahrscheinlich ist auch, dass ein künstlerisches Projekt oder ein innovatives Entwicklungsprojekt sich wegen interner oder externer Hemmnisse nicht in der geplanten Weise realisieren lässt. Hier stellt sich die konfliktträchtige Frage, ob die gewährten Finanzierungsbeiträge der "Crowd" auch für ein verändertes Konzept oder für ähnliche Zwecke verwendet werden darf, oder ob hierfür die Entscheidung der Unterstützer eingeholt werden muss und wie das zu organisieren ist.
- Spender sind oft nicht hinreichend qualifiziert, um die Validität und Erfolgschancen eines zu finanzierenden Projekts eingehend und zuverlässig zu beurteilen. Zudem fehlen ihnen die dafür notwendigen Informationen, insbesondere wenn, wie bei Spenden, keine Prospektpflicht besteht. Die werblichen Angaben der Projektinitiatoren bergen hohe Fehlerrisiken, denn auch sie sind nicht Herr aller marktlichen und sonstigen Unwägbarkeiten. Das Risiko des späteren Scheiterns ist daher groß und im Misserfolgsfall führt dies zu Enttäuschungen bei den Unterstützern, was das CF-Instrument im Wiederholungsfall auf Dauer für Spender diskreditieren könnte.
- Im Falle eines Misserfolgs des Vorhabens (Entwicklung muss wegen unerwarteter technischer Probleme abgebrochen werden, das Projekt stirbt wegen Weggangs eines Initiators, die Innovation floppt am Markt usw.) ist das qua Crowdfunding eingesammelte Geld teilweise oder gänzlich verausgabt. Es ist offen, wie dann zu verfahren ist. Die Literatur und die CF-Szene liefern hierzu noch keine Lösungen.
- Im Fall des kommerziellen Verlusts eines durch Crowdfunding finanzierten Vorhabens könnten Gläubiger doch versuchen, auf die Unterstützer zurückzugreifen, was allerdings von der Natur der Einlage abhängt (z.B. wenn aus der Einlage eine Nachschusspflicht abgeleitet werden kann).
- Im Fall der Insolvenz eines crowdgefundeten Start-ups werden Mikro-Kredite wie stille Beteiligungen gegenüber institutionellen Gläubigern höchstwahrscheinlich nachrangig behandelt werden.

12 Relevanz von Crowdfunding

12.1 Leitfragen

So faszinierend das neue Finanzierungsinstrument Crowdfunding auch erscheinen mag, so muss aus förder- und wirtschaftspolitischer Sicht die Frage gestellt werden, ob Crowdfunding überhaupt eine solche Relevanz hat, die eine ernsthafte, auch wissenschaftliche Beschäftigung mit diesem Sujet rechtfertigt. Vor der Prüfung der Notwendigkeit staatlicher Intervention in den CF-Markt, die eine der Forschungsfragen in dieser Studie war, stellen sich folgende Fragen zur Relevanz dieses Marktes:

1. In welchem Entwicklungsstadium befindet sich die CF-Szene derzeit? Wird sie sich möglicherweise noch entscheidend verändern bzw. ausdifferenzieren? Ist eine Strukturanalyse heute möglicherweise zu früh, weil sie nur eine Momentaufnahme eines sich schnell verändernden Marktes darstellt?
2. Führt die erkennbare, weltweite Dynamik bei Entstehen von neuen Intermediären auch zu einer nennenswerten Zahl von lebensfähigen Projekten, Existenzen und Unternehmen?
3. Ist durch Crowdfunding im Einzelfall genug Kapital mobilisierbar, um regelmäßig nennenswerte Summen zur Finanzierung der ersten Schritte eines Vorhabens, einer Existenz oder eines Start-ups zu finanzieren?
4. Sind die entstandenen Existenzen und Unternehmen auf Dauer lebensfähig?
5. Ist durch Crowdfunding insgesamt überhaupt genug Kapital mobilisierbar, um einen volkswirtschaftlich spürbaren Effekt zu erzielen?
6. Die Intermediäre sind notwendig für die Realisierung des Fundraising einer großen Zahl von Projekten. Sind sie aber auf Dauer selbst lebensfähig? Wie können sie sich nachhaltig und ausreichend finanzieren?
7. Wie erfolgt die Bewertung und Auswahl förderungswürdiger Projekte bzw. Vorhaben aus der Menge von Anträgen, die einer CF-Plattform vorgelegt werden?

In den folgenden Ausführungen werden einige Fakten und Informationen zur Beantwortung der obigen Fragen zusammengetragen. Dazu wird auf zwei empirische Datenbestände zurückgegriffen, die im Folgenden beschrieben werden. Eine weitergehende bzw. empirische Faktenanalyse anhand eigener primärempirischer Datenerhebungen war im Rahmen dieser Untersuchung allerdings nicht möglich.

12.2 Empirische Basis

Zur Beantwortung der obigen Fragen werden im Wesentlichen drei Datenquellen verwendet (Sample I bis III), die unten kurz vorgestellt werden.

12.2.1 Sample I

Die erste Datenquelle ist eine Tabelle mit Performanzdaten ausländischer CF-Plattformen aus dem Internet,[70] die von Fraunhofer ISI mit eigenen Berechnungen und Recherchen komplementiert wurde. Die hinter den Ursprungsdaten der Tabelle stehende Sampling– und Erhebungsmethode wurde nicht erläutert und konnte auch nicht in Erfahrung gebracht werden. Es ist nur bekannt, dass die Daten zwischen Dezember 2010 und Februar 2011 erhoben wurden und dass es ich bei dieser Auswahl um die nach Zahl der betreuten CF-Projekte "erfolgreichsten" Plattformen zum Zeitpunkt der Erhebung handelte. Die Plattform-Auswahl ist offensichtlich systematisch verzerrt und daher nicht repräsentativ: die erfolgreichsten Plattformen wurden ausgewählt und damit eher die älteren und erfahrensten; außerdem überwiegen dadurch die Plattformen im Musikgeschäft (unabhängige CD-Labels und Einzelproduktionen von Popmusik), da das der Ausgangspunkt des breiten CF-Hypes war.

Da sie zum Zeitpunkt der Erstellung dieses Berichts die einzigen verfügbaren Performanzdaten von CF-Plattformen außerhalb Deutschlands waren und da sie mit den (deutschen) Daten aus Sample II korrespondierten, wurde Sample I trotz diverser Unsicherheiten bezüglich der Bedeutung einiger Begriffen und der Belastbarkeit der Zahlen für die folgenden Betrachtungen verwendet.

70 Quelle: http://paidcontent.org/table/crowdfunding, zuletzt abgerufen im Juli 2011.

Tabelle 1: Performanzdaten ausgewählter ausländischer Plattformen

Plattform (Land)	Sektor	Startpunkt (Betriebsmonate bis Jan. 11)	Zahl aller bisher eingereichten Projekte (pro Monat)	Alle betreuten Projekte (Selektionsrate)	Alle realisierten Projekte (Erfolgsrate)	Gesamtzahl der Unterstützer (pro Monat)	Zusagesumme* (pro Projekt)	kumulierte Auszahlungssumme*	mittlere Zusage pro Unterstützer
Kickstarter (US)	Alle, außer soziale u. karitative Projekte	Apr. 09 (21 Monate)	12.000 (571 p.M.)	>5.000 (>42%)	3.500-4.000 (70 - 80%)	>400.000 (>19.000 p.M.)	>€ 24,6 Mio. (>4.920 p. Pr.)	?	€ 50
IndieGoGo (US)	alle	Jan. 08 (37 M.)	>15.000 (405 p.M.)	>4.000 (>27%)	"Thousands"			"Millions of dollars"	€ 56
SellaBand (NL/DE)	Musik	Aug. 06 (53 M.)	?	54	38 CDs (70%)	>70.000 (>1.320 p.M.)	>€ 2.7 Mio. (>50.000 p.Pr.)	€ 2,7 Mio.	€ 41
RocketHub (US)	alle	Feb. 10 (12 M.)	350 (29 p.M.)	75 (21%)	?	?	?	€ 300.000	?
Ulule (F)	alle	Oct. 10 (4 M.)	169 (42 p.M.)	53 (31%)	42 (80%)	4.818 (1.204 p.M.)	€ 100.000 (1.887 p.Pr.)	€ 70.000	€ 32
SliceThePie (UK)	Musik	Jun. 07 (43 M.)	?	31	26 Albums (84%)	?	?	€ 750.000	?
PledgeMusic (UK/US)	Musik	Jul. 09 (19 M.)	>2.700 (>115 p.M.)	2.079 ? (77%)	132 (6%)	74.000 (3.89 5 p.M.)	?	?	€ 65
Sonicangel (B)	Musik	Apr. 10 (11 M.)	1.500 (142 p.M.)	13 (0.8%)	12 (92%)	3.500 (318 p.M.)	?	?	€ 46
MyMajorCompany (F)	Musik	Dec. 07 (38 M.)	18.000 (473 p.M.)	36 (0.2%)	15 (42%)	30.000 (789 p.M.)	€ 5 Mio. (138.889 p.Pr.)	€ 360.000	€ 150
GrowVC (FIN, UK, internat.)	Start-ups	Aug. 10 (6 M.)	1,758 (293 p.m.)	73 (4.1%)	?	7,229 members (1,205 p.M.)	€ 11,6 Mio. (148,904 p.Pr.)	?	?
Total oder (Mittel)			51.477 (258 p. M.)	11.414 (25%)	64%	84.200 p. Plattform, 51,7 p. Projekt	>€ 45 Mio. 3.942 p. Pr.)		€ 62,9

Quelle: http://paidcontent.org/table/crowdfunding (Daten von Dezember 2010 bis Februar 2011) plus eigene Recherchen

12.2.2 Sample II ("deutsches" Sample)

Das zweite hier betrachtete Sample stammt aus zwei Quellen, die beide im Wesentlichen Daten von sieben relativ jungen deutschsprachigen CF-Plattformen (sechs aus Deutschland, eine aus Österreich) verwenden, die im Zeitraum Mai 2010 bis Juli 2011 existierten. Die älteste dieser Plattformen wurde im April 2009 gegründet, die jüngste ging erst im Herbst 2010 online. Sie decken ein etwas breiteres Spektrum an Sektoren ab als jene in Sample I.

Tabelle 2: Performanzdaten deutscher Plattformen[71]

Plattform (Land)	Sektor	Startpunkt (Betriebsmonate bis Juni 2011)	Zahl aller bisher eingereichten Projekte (pro Monat)	Aktuell betreute Projekte im Juni 2011	Alle erfolglosen Projekte bis Juni 2011	Alle erfolgreichen Projekte bis Juni 2011 (Erfolgsrate)
Pling (DE)	Kreativwirtschaft, v.a. Filme u. Computerspiele	Apr. 09 (21 Monate)	31 (1,5 p.M.)	20	8	3 (9,6%)
StartNext (DE)	Kreativwirtschaft	Sept. 10 (9 M.)	168 (18,7 p.M.)	64	73	31 (18,4%)
VisionBakery (DE)	Kreativwirtschaft, soziale und Sportprojekte	Jan. 10 (17 M.)	29 (1,7 p.M.)	12	17	10 (34,5%)
Inkubato (DE)	Kreativwirtschaft, v.a. Filme u Computerspiele	Oct. 10 (8 M.)	40 (5 p.M.)	24	13	3 (7,5%)
mySherpas (DE)	alle, inkl. Start-ups	Aug. 10 (10 M.)	56 (5,6 p.M.)	33	4	19 (33,9%)
Seedmatch (DE)	Technologie-Start-ups	5-09/9-10 (9 M.)	?	?	0	0
Summe (Mittel)			**324 (6,5 p.M.)**			**66 (20,4%)**

Quelle: Homepages der Plattformen im Juni 2011

71 Die Homepage der siebten, der österreichischen, Plattform bot keine hinreichenden Angaben, und deshalb wurde sie hierbei weggelassen.

Als erste Quelle extrahierte Fraunhofer ISI Daten, die sechs deutsche Plattformen auf ihren Homepages zum Zeitpunkt Juni 2011 anboten und die mit denen von Sample II vergleichbar gemacht wurden (vgl. Tabelle 2). Da zu diesem Zeitpunkt diese Liste die gesamte Population aktiver deutscher CF-Plattformen abbildete, stellt sie eine 100% Abdeckung des deutschen Marktes dar. Sie hatten bis Juni 2011 somit auch alle plattformunterstützten deutschen CF-Projekte betreut.

Die zweite Quelle zu Sample II entstammt einer sehr aktuellen empirischen Studie des Berliner Instituts für Kommunikation in sozialen Medien ikosom (vgl. Eisfeld-Reschke/ Wenzlaff 2011), die in Kooperation mit fünf der obigen sechs deutschen und einer österreichischen Plattform durchgeführt wurde und die deren Performanzdaten im Zeitraum Mai 2010 bis April 2011 erhob. Dies geschah einerseits durch Zurverfügungstellung von Daten durch die Plattformbetreiber und andererseits durch eine schriftliche Online-Befragung von 25 Initiatoren aus der Gesamtzahl aller 125 von diesen sechs Plattformen betreuten Projekte, d.h. die Rücklaufquote betrug 20%.

Tabelle 3: Projekte von 6 deutschsprachigen Plattformen

Plattform (Land)	Sektor	Alle ab 5/10 bis 4/11 betreuten Projekte	erfolgreich finanziert	nicht erfolgreich finanziert
Pling (DE)	Kreativwirtschaft, hauptsächl. Filme u. Computerspiele	6	*	*
StartNext (DE)	Kreativwirtschaft	41	*	*
VisionBakery (DE)	Kreativwirtschaft, soziale u. Sportprojekte	6	*	*
Inkubato (DE)	Kreativwirtschaft, hauptsächl. Filme u. Computerspiele	12	*	*
mySherpas (DE)	alle, inkl. Start-ups	8	*	*
Deutschland total[72]		73	*	*
Respekt.Net (AT)	soziale u. gemeinnützige Projekte	52	*	*
Summe		**125**	**67 (53,6%)**	**58 (46,4%)**

Quelle: Eisfeld-Reschke/Wenzlaff (2011); * Einzelwerte nicht verfügbar

72 Hier ohne Seedmatch, die zum Erhebungszeitpunkt noch im Aufbau begriffen war.

Weitere Daten aus der ikosom Studie werden in den folgenden Betrachtungen fallweise herangezogen.

12.2.3 Sample III (Anhang A2)

Anhang A2 zeigt eine Liste mit 251 derzeit im Internet weltweit gefundenen aktiven Webseiten von "Crowdfunding-Beispielen" (Stand 21.07.2011). Eine erschöpfende Auflistung ist nicht möglich, weil einerseits nicht immer eine klare Identifikation möglich ist und weil andererseits am Markt eine hohe Fluktuation herrscht. Neben den täglich neu hinzukommenden Beispielen gibt es auch Seiten, die einem früheren Angebot entsprechen, aber nicht aktualisiert werden, sodass zu vermuten ist, dass solche Anbieter sich vom Markt zurückgezogen haben. Die Liste zeigt sowohl Vorhaben der Kategorie "Kapital suchend" (s. Abschnitt 6.1), als auch Dienstleister und Plattformen der Kategorie "Intermediäre/Plattformen" bzw. Mischformen davon. 212 (84%) der in der Liste aufgeführten Beispiele sind Plattformen und nur etwa 22 (9%) sind Kapital suchende Vorhaben; der Rest ist nicht eindeutig zuzuordnen.

12.3 Zu Frage 1: Entwicklungsstadium der CF-Szene

Wie mehrfach betont, befindet sich die CF-Szene derzeit in einer Phase großer, ja stürmischer Dynamik, in der ständig neue Konzepte und Businessmodelle entstehen, neue Unterstützergruppen mit neuen Motivationen und Interessensprofilen erschlossen werden und in der neue Chancen und Restriktionen erkennbar werden. Eine heutige Strukturanalyse kann daher nur eine Momentaufnahme darstellen, die unseres Erachtens aber notwendig ist, um diesen Evolutionsprozess zu verstehen, die Chancen zu nutzen und ggf. steuernd eingreifen zu können. Es ist auch wichtig, dass dieser Prozess regelmäßig (auch wissenschaftlich) beobachtet wird.

12.4 Zu Frage 2: Aufkommen von relevanten, überlebensfähigen Projekten

Zahl der Plattformen

Die Liste im Anhang A2 lässt schon erkennen, worin sich die derzeitige Dynamik zunächst äußert: Im Entstehen neuer intermediärer Dienstleistungen. Immerhin über die Hälfte der 212 aufgelisteten Plattformen davon entstanden in Europa, gegenüber 43% in den USA und Kanada. Offenbar bietet der CF-Hype genug Raum für Fantasien smarter Gründer von innovativen Dienstleistungsunternehmen und Crowdfunding ist keineswegs eine amerikanische Domäne. Damit sind einige Hundert Arbeitsplätze verbunden, wenn man davon ausgeht, dass jede Plattform mit einem Team von mindestens drei Personen antritt.

Wenn man von Selbstdarstellungen einzelner CF-Plattformen in der Web-Community und den die Kommentaren Dritter ausgeht, gewinnt man den Eindruck, dass viele CF-Dienstleister aus einer enthusiastischen Laune oder aus Experimentierlust und Neugierde heraus entstehen. Sicher spielen gelegentlich auch Begeisterung für die neuen technischen Möglichkeiten im Web 2.0, aber auch Altruismus eine Rolle, wenn z.B. Mitglieder einer bestimmten Community die Initiative ergreifen, um – in Kenntnis der Finanzierungsprobleme – anderen "peers" ihrer Community eine neue Finanzierungsquelle zu erschließen.[73] Damit ist aber auch impliziert, dass die CF-Plattform-Gründer nicht immer in kaufmännischen Fragen oder gar Finanzierungsangelegenheiten erfahren bzw. qualifiziert sind. Solche Plattformen entstehen als Start-ups mit einer manchmal genauso unsicheren kaufmännischen Basis wie die Kapital suchenden Vorhaben und Start-ups selbst. Dies wird aber in der Regel mehr als kompensiert dadurch, dass die Initiatoren spezialisierter Plattformen intime Kenntnisse von dem Business haben, für das sie ihre Dienstleistung anbieten.[74]

Dennoch kann man von der Mehrzahl der Plattformen, die in jüngerer Zeit entstanden sind, vermuten, dass sie sich in einer Experimentier- oder Pilotphase befinden; ihre Businessmodelle werden oft über Monate lang noch modifiziert, verbessert und den Marktbedürfnissen angepasst. Viele dürften diesen Pilotbetrieb auch nicht überleben, denn eine vorausschauende Marktanalyse wird offenbar sehr selten durchgeführt, die die Risiken offenlegen könnte. Tatsächlich verschwinden auch immer wieder Plattformen still vom Markt.

Zahl der Kapital suchenden Vorhaben

Die mit Hilfe von CF-Plattformen finanzierten Projekte verfügen nicht alle über eigene Webseiten; während der Laufzeit des Funding-Projekts kann es zwar Informationsseiten oder Videos auf der Homepage der Plattform geben, aber nach Abschluss eines Projekts verschwinden viele dieser Seiten wieder, sodass nachträglich nur sehr schwer aufzuspüren ist, welche Projekte von den Plattformen betreut worden waren. Die einzigen Anhaltspunkte für Schätzungen bieten also Daten wie jene der Samples I bis III. Hinzuzurechnen sind allerdings noch jene Projekte, die Crowdfunding ohne Kooperati-

73 Hierfür gibt es sehr viele Beispiele aus der Kreativwirtschaft, u.a.spot.us oder die gemeinnützige Plattform Startnext.

74 Vgl. hierzu Hemer et al. (2007: 116).

on mit Plattformen betreiben; es fehlen jedoch belastbare Zahlen, um deren Population abzuschätzen.

Hinter der unmittelbar sichtbaren Gründungsdynamik bei Plattformen verbirgt sich die logischerweise eine um ein Mehrfaches größere Zahl der von ihnen betreuten Projekte bzw. Start-ups. Es ist davon auszugehen, dass jede dieser Plattformen innerhalb der ersten 12 Monate seines Bestehens mindestens fünf bis sechs Projekte pro Monat finanziert (vgl. Tabelle 2 zu Sample II), sodass mit den genannten über 212 Plattformen aus Sample III als Berechnungsbasis mittlerweile von mindestens 13.000 finanzierten Vorhaben pro Jahr auszugehen ist. Tatsächlich sind von den länger bestehenden und als erfolgreich geltenden amerikanischen Plattformen wie Kickstarter oder IndieGoGo inzwischen Tausende Projekte betreut worden. Wie man an Tabelle 1 zu Sample I sieht, nennen einige der älteren und prominenten Plattformen schon über 4.000 bis 5.000 finanzierte Projekte, wobei die Annahme- oder Selektionsquote von recht hoch bis sehr niedrig reicht (77% bis 0,2%), was ein Ausdruck des unterschiedlichen Prüfungs- und Selektionsaufwands ist. Kickstarter und IndieGoGo haben nach diesen Zahlen 238 bzw. 108 Projekte pro Monat betreut, wobei es sich zum großen Teil um relativ kleine Projekte mit einem Finanzierungsbedarf ab wenigen Tausend US Dollar handelte.

Mit dem Durchschnitt von monatlich 258 Projektanträgen für alle in dieser Tabelle aufgeführten Plattformen und der errechneten durchschnittlichen Erfolgsquote von 25%x64% (bezogen auf die Zahl der eingegangenen Anträge) errechnen sich ca. 105.000 erfolgreich finanzierte Projekte pro Jahr. Demnach liegt der Schätzraum zwischen jährlich 13.000 erfolgreich von jungen Plattformen betreuten Projekten und 105.000 bei erfahreneren Plattformen.

Diese Schätzwerte schließen kleine bis kleinste Projekte aus dem sozialen oder kreativen Bereich ein und diese stellen sicher für längere Zeit die Mehrheit im CF-Geschehen. Nur ein Bruchteil von ihnen stellen Existenzgründungen oder Start-ups mit längerfristiger und unternehmerischer Perspektive dar. So sind obige Schätzwerte bezüglich der Relevanz von Crowdfunding für die Schaffung unternehmerischer Existenzen bescheiden im Vergleich zu den vielen Hundertausend Unternehmens- und Existenzgründungen pro Jahr in Europa und anderswo. Daher haben diese Zahlen für das wirtschaftlich relevante Gründungsgeschehen noch wenig Relevanz, doch die anhaltende Dynamik und die wachsende Zahl von CF-Plattformen, die das Micro-Equity-Segment bedienen und sich auf Start-ups spezialisieren, gibt diesbezüglich Hoffnung. In diesem Zusammenhang ist daran zu erinnern, dass auch die Zahl der Gründungsunternehmen, die durch Venture Capital startfinanziert werden, zu Beginn des Entstehens des VC-Marktes (in Mitteleuropa ab Anfang der 1990er Jahre) ebenfalls weltweit verschwindend klein war.

12.5 Zu Frage 3: mobilisierbares Kapital

Die Finanzierungsvolumina pro Vorhaben sind derzeit überwiegend noch klein: Der Durchschnitt der Zusagen bei Sample I beträgt ca. 4.000 Euro pro Projekt (s. Tabelle 1) und die Zielsummen im Sample II nur 3.205 Euro pro Projekt (Eisfeld-Reschke/Wenzlaff 2011: 16).

Doch ist zu bedenken, dass es sich hierbei um die Finanzierung der ersten Schritte eines Projekts handelt. Im Falle von Start-up-Gründungen spräche man von Pre-Seed oder Seed-Finanzierung, die oft den entscheidenden Startpunkt markiert, ab der überhaupt sinnvolle Gründungsschritte unternommen werden können, insbesondere, wenn die Gründung fast ohne Eigenmittel der Gründer stattfinden soll. Aus der Gründungsforschung wie auch der Gründungsförderung ist bekannt, dass eine große Zahl von vielversprechenden Unternehmensgründungen gar nicht zustande kommen, weil schon die Mittel für vorbereitende administrative Arbeiten, (Steuer)Berater, Anmeldegebühren, Erstellen eines Exposé oder gar eines ersten Businessplans, Erstellen einer Homepage, erste Marktrecherchen oder Wettbewerbsanalysen u.ä. fehlen. Wenige Tausend Euro können diesbezüglich schon ein wesentliches Hindernis beseitigen.

Überdies ist darauf zu verweisen, dass die CF-Szene schon einige Projekte und Start-ups hervorgebracht hat, die über 100.000 Euro, ja bis zu 1 Mio. Euro und mehr per Crowdfunding eingeworben haben. So konnte Trampoline Systems in einer ersten CF-Runde über 260.000 Britische Pfund für die Entwicklung einer neuen Software einwerben und Tik-tok warb für die Entwicklung eines Armbands für das iPod Nano knapp 1 Mio. US Dollar ein. Die französische Plattform WiSeed meldet, dass sie zwei Unternehmen mit über 500.000 Euro finanzieren konnte.

12.6 Zu Frage 4: lebensfähige Existenzen

Die nachhaltige Existenzsicherung kann Crowdfunding in den wenigsten Fällen gewährleisten; das kann auch nicht seine Rolle sein. Selbstverständlich muss die frühe CF-Finanzierung (die man noch zum bekannten "Bootstrapping" zählen kann) später durch eine andere, größervolumige Finanzierungsrunde (Bankkredite, Fördermittel, VC/PE u.a.) abgelöst werden, um eine ausreichende Startfinanzierung darzustellen.

12.7 Zu Frage 5: volkswirtschaftlich spürbarer Effekt

Wie Tabelle 1 zeigt, verfügen die dort zitierten Plattformen über eine Unterstützer-Community ("Crowd") von wenigen Tausend bis über 400.000 Personen, obwohl die Plattformen zumeist erst kurz am Markt sind. Die deutsche Studie von ikosom (Eisfeld-Reschke/Wenzlaff 2011) berichtet von insgesamt 2.624 Unterstützern bei den erfassten 125 Projekten. Insgesamt ist es plausibel anzunehmen, dass die gebefreudige Crowd weltweit momentan über 1 Mio. Personen stark sein dürfte, mit starkem Zuwachspotenzial.[75]

Der durchschnittliche Finanzierungsanteil jedes Unterstützers beträgt gemäß Sample I knapp 63 Euro (s. Tabelle 2) und in der ikosom-Studie sogar 80 Euro. Unterstellt man im einfachsten Fall, dass jeder Unterstützer zweimal pro Jahr eine Finanzierungszusage in Höhe des niedrigeren Werts von 63 Euro erteilt, liegt derzeit das Kapitalvolumen, das über eine Crowd von 1 Mio. Menschen mobilisiert werden könnte, bei 126 Mio. Euro pro Jahr. Das ist schon globalwirtschaftlich gesehen wenig und wäre, herunter gebrochen auf einzeln entwickelte Volkswirtschaften, marginal, wenn nicht ein kräftiges und nachhaltiges Wachstums erzeugt werden kann. Dazu sind mit Sicherheit erhebliche Mobilisierungsanstrengungen im privaten wie öffentlichen Raum erforderlich.

Zusammenfassend ist festzustellen, dass die Zahl der Unterstützer eines Projekts zwar eine breite Spanne von unter Hundert bis zu mehreren Hunderttausend abdeckt, der Durchschnitt jedoch bei wenigen Tausend pro Projekt liegt. Von einer Finanzierung durch eine *Crowd* kann man dabei eigentlich nicht sprechen. der Begriff Crowdfunding bleibt aber dennoch berechtigt, weil die Unterstützer letztlich hauptsächlich aus der Crowd der Web-Community rekrutiert wird. Die Crowd ist also die Gesamtpopulation, aus der die Unterstützer stammen.

Was die Finanzierungsbeiträge der einzelnen Unterstützer angeht, so liegen sie derzeit im Schnitt zwar noch unter 100 Euro, jedoch nicht im Bereich von wenigen Euros oder gar Cents. Und es gibt Hunderte Beispiele, bei denen private Unterstützer auch hohe bis sehr hohe Beiträge bereitstellen und so als Multiplikatoren dazu beitragen, dass auch große Finanzierungsvolumina zustande kommen.

---

75 Man muss nur an die über 600 Mio. Mitglieder der Facebook-Gemeinde denken.

12.8 Zu Frage 6: Finanzierung der Plattformen

Wie erwähnt, herrscht auf dem Markt der CF-Plattformen derzeit eine große Dynamik: Täglich tauchen neue Anbieter im Netz auf, aber es verschwinden auch immer wieder Plattformen still und leise. Jeder neue Anbieter präsentiert sich mit einem neuen oder modifizierten Geschäftsmodell und die jüngeren, noch nicht etablierten Anbieter experimentieren sehr oft mit ihren Features, um sie ihren Praxiserfahrungen und dem Bedarf der Zielgruppen anzupassen. Auffällig ist für den externen Betrachter der Enthusiasmus, ja Idealismus vieler Plattform-Initiatoren. Sie fühlen sich den Interessen der Communities verpflichtet, aus der sie stammen; sehr viele entstammen dem Kultur- und Kreativbereich. Daher ist momentan ihr (pekuniäres) Eigeninteresse wenig ausgeprägt. Es ist erkennbar, dass die Mitglieder der Gründungsteams sehr junger Plattformen entweder "ehrenamtlich" oder nebenamtlich tätig sind oder sich mit sehr bescheidenen Entgelten zufrieden geben. Oft beziehen sie (zunächst) Gehälter aus anderen Verpflichtungen; der Aufbau und Betrieb der Plattform erscheint oft wie eine Freizeitbeschäftigung.

Die entscheidende Frage ist, wie die Plattformen ihren Betrieb auf Dauer finanzieren wollen bzw. können. Die größten Kostenblöcke dürften zu Beginn die Entwicklung der notwendigen Software und die Beraterkosten sein (Anwälte, Steuerberater, Gutachten etc.), während die Personalkosten anfangs u.U. minimiert werden können. Vielen Plattformen wurde durch großzügige Spenden von Sponsoren der Aufbau und Start ermöglicht und zehren oft mehrere Monate von dieser Anschubfinanzierung.[76]

Dementsprechend wirken viele der Finanzierungsmodelle ihrer Plattformen unausgereift und wenig nachhaltig. Oft werden diese erst nach einer Mindestzahl von betreuten Projekten oder nach einigen Monaten Betriebserfahrung professionell aufgestellt. Mit der Zahl von Kunden (Kapital suchenden Projektinitiatoren) erfordert der Plattformbetrieb eine permanente und professionell agierende Mannschaft, der hohe Kosten verursacht. Die Kosten steigen zudem noch extrem an, wenn die Geschäftsmodelle auf Micro-Lending oder Micro-Equity abzielen, wo die regulatorischen Anforderungen sehr hoch sind und professionelles Personal und viel externe Beratung erforderlich sind.

---

76 So soll 2008 die amerikanische Journalisten-Plattform "spot-us" eine Spende von 340.000 US Dollar von der Knight-Foundation erhalten haben, die seit Langem journalistische Projekte fördert (Quelle: Felber 2011). Auch von der deutschen Plattform für soziale Projekte "betterplace" ist bekannt, dass sie eine Anschubfinanzierung von 1, 2 Mio. Euro von Mäzenen erhielt und der Betrieb weiterhin von einer anderen Organisation subventioniert wird (vgl. GEO 04/2011: 55).

Sponsoren ziehen sich fast immer nach einer gewissen Anlaufzeit zurück. Der Plattformbetrieb muss sich zwangsläufig irgendwann aus sich selbst heraus und nachhaltig finanzieren, auch bei Vorliegen eines Gemeinnützigkeitsstatus. Mit öffentlicher Förderung einzelner Plattformen ist nicht zu rechnen; sie wäre nur schwer politisch zu rechtfertigen.

Zur Selbstfinanzierung erheben die meisten Plattformen Provisionen für Ihre Leistungen, zumeist erfolgsabhängig. Hier wird noch mit unterschiedlichen Modellen experimentiert (0 bis 10% der zugesagten oder ausgezahlten Kapitalsumme, Aufteilung auf die Unterstützer und die Empfänger oder nur durch die Empfänger usw.). Manche Plattformen erheben Gebühren für Zusatzdienstleistungen wie Beratung, Due Diligence, Seminare, Investorenvermittlung etc., die u.U. aus steuerlichen oder rechtlichen Gründen manchmal auch durch Schwesterunternehmen der Plattform erbracht werden.

Das Fraunhofer ISI weiß aus seiner Beschäftigung mit Business Angel Netzwerken, die ja auch Intermediäre mit ähnlichen Aufgaben darstellen, dass deren Personalkosten sich auf Dauer kaum aus Provisionen auf vermittelte Kapitalvolumina finanzieren lassen und zumeist von externen Sponsor- oder Fördermitteln abhängig sind. Ähnliches gilt für CF-Plattformen: Provisionen von 10% auf die vermittelten Kapitalsummen gelten schon in der Community als kaum vertretbar, aber angesichts der meist noch sehr kleinen Kapitalvolumina, um die es derzeit noch geht, wären selbst Provisionen über 25% nicht ausreichend.[77] Die Plattformen müssten hoch automatisierte Abläufe einführen, um ihre Transaktionskosten zu reduzieren, geringe Gehälter zahlen (Sachbearbeiter oder Angelernte statt Akademiker) bzw. sie müssten sich aus anderen Dienstleistungen quersubventionieren.

Schon eine einfache Überschlagsrechnung zeigt, wie schwierig es sein wird, die Selbstfinanzierung zu erreichen: Ein kleines Team von drei qualifizierten Halbtagskräften und ein kleines Büro würde pro Monat mindestens 10.000 Euro Kosten verursachen. Bei einer Provision von 10% müssten mindestens 100.000 Euro pro Monat von Unterstützern für "erfolgreiche" Projekte eingesammelt und ausgezahlt werden, um die Betriebskosten auch nur zu decken, nicht zu sprechen von etwaigen Gewinnen. Diesen Umsatz erreichen derzeit nur ganz wenige Plattformen.

---

77 Das bisher größte bekannte deutsche CF-Projekt war 25.000 Euro groß (vgl. Eisfeld-Reschke/Wenzlaff, 2011); die Provision von 7% erbrachte daher einen Erlös von nur 1.750 Euro. Das kann kaum die Kosten für die Infrastruktur und die Arbeit von zwei bis drei Tagen eines qualifizierten Mitarbeiters decken.

Simulationen, die das Fraunhofer ISI 1999 für die Finanzierung von Business Angels-Netzwerken durchgeführt hatte und für die ähnliche Randbedingungen galten wie für CF-Plattformen, lassen sich analog anwenden: Eine nachhaltige Selbstfinanzierung einer CF-Plattform kann nur gelingen mit

- Provisionen deutlich über 10%,
- kleinem Team und relativ niedrigen Durchschnittsgehältern,
- hohem Automationsgrad der Prozesse,
- einem hohen Projektdurchlauf (z.B. über 10 Projekte pro Woche) oder bei sehr großen Projektvolumina (z.B. über 100.000 Euro pro Projekt),
- geringstem Aufwand für die Bewertung und Selektion der eingehenden Anträge und für die Beratung der Projektinitiatoren.

12.9 Zu Frage 7: Bewertung der eingereichten Projekte

In der öffentlichen, auch wissenschaftlichen Diskussion um geeignete Finanzierungsinstrumente für Start-ups werden die notwendigen Ressourcen für die *qualifizierte* Bewertung und Selektion von Vorhaben, die zwecks Finanzierung bei privaten Kapitalgebern eingereicht werden, oft unterschätzt. Praktiker wissen allerdings um diesen begrenzenden Faktor, da er vielfach die Realisierbarkeit von Businessmodellen von Intermediären beeinträchtigt.[78] Ähnliches gilt für CF-Plattformen, zumal hier empirische Erfahrungen noch weitgehend fehlen. Eine Plattform, die einen großen Deal Flow hat (eine große Zahl eingehender Projektanträge), muss selektieren weil sie nur eine begrenzte Bearbeitungskapazität für die Betreuung von Projekten hat. Dies kann sie auf vielfältige Weise bewerkstelligen. Anhand der Geschäftsmodelle vieler der CF-Plattformen, die wir betrachten konnten, stellen sich kritische Fragen wie die folgenden:

- Kann sich eine Plattform exkulpieren, indem sie die Verantwortung für die Erfolgschancen eines Projekts ablehnt, das sie auf ihrer Plattform anbietet? Muss der Unterstützer nicht davon ausgehen können, dass zumindest eine rudimentäre qualifizierte Prüfung stattgefunden hat?
- Genügen, wie oft angeboten, nur formale Prüfungen, die nicht auf die Inhalte und das Marktpotenzial von Vorhaben eingehen? Führen Aussagen wie "...wir nehmen nur die besten (oder nur sorgfältig geprüfte) Vorhaben auf die Plattform" nicht zu falschen Erwartungen?
- Sind die Lösungen zur inhaltlichen Bewertung- und Auswahl von CF-Projektideen, die manche CF-Plattformen anwenden, angemessen? Wer führt diese durch? Sind

78 Z.B. von Kreditabteilungen von Banken, Business Angel Netzen, VC-Fonds.

die Personen qualifiziert oder erfahren genug? Welcher Aufwand wäre mindestens erforderlich, welcher gerechtfertigt? Wer bezahlt ihn?

Es erklärt sich aus dem gemeinsamen Ursprung von Crowdfunding und Crowdsourcing, dass Crowdsourcing-Elemente für die Bewertung und das Ranking von Projektanträgen genutzt werden. Einige Plattformen setzen dies bewusst ein. Gern wird hierfür auf die These der "Intelligenz der Masse" zurückgegriffen, die allerdings versagt, wenn die Zahl der aktivierten Crowdfunder nur gering ist (sie bilden in der Regel keine "Masse") und/oder wenn sie fachlich nicht qualifiziert sind, um eine seriöse Bewertung von Projektideen oder Geschäftsplänen vorzunehmen. Allenfalls bei einer klar definierten und bekanntermaßen erfahrenen und fachlich spezialisierten Community kann dies unterstellt werden.

13 Mögliche Rolle von Crowdfunding im Spektrum der herkömmlichen Innovationsfinanzierungsinstrumente

13.1 Eignung von Crowdfunding als "Lückenbüßer" in der Frühphasenfinanzierung von innovativen Start-ups

Wegen des noch ungelösten Problems der Frühphasenlücke besteht dringender Bedarf an neuen Finanzierungsinstrumenten für diese Phase. Technologie- oder wissensbasierte Start-ups beginnen zunächst als Projekte; insofern würden sich CF-Instrumente auch hier in der Frühphase anbieten. Die Vorhaben von Start-ups betreffen aber oft sehr erklärungsbedürftige und komplexe Sachverhalte (z.B. komplexe technische Produkte oder Prozesse, komplizierte Dienstleistungen oder Businessmodelle), die via Webseiten schwer vermittelbar und für die nur sehr schwer Enthusiasten zu finden sind. Es handelt sich – zumindest in Deutschland – oft um Nischenmärkte (vgl. Hemer et al. 2006 und 2007) mit entsprechend überschaubarer Zahl von Nutznießern und Unterstützern. Hier wird die "Crowd", d.h. die Zielgruppe als potenzielle Unterstützer, i.d.R. sehr klein sein, was die Vorteile von Crowdfunding stark beschneidet.

Allerdings ist nicht auszuschließen, dass sich Fachleute und Spezialisten eines jeweiligen Technologiegebiets für eine innovative, wenn auch wenig spektakuläre Lösung eines technischen Problems (z.B. ein neuer Werkstoff, eine neue Motorenkomponente, eine pfiffige Software usw.) ebenso begeistern lassen wie Fans für das CF-Projekt einer Independent-Musikgruppe. Auch für innovative Dienstleistungs- oder Businesskonzepte kann man sich solche Begeisterungsfähigkeit vorstellen.

Zielt das Vorhaben eines Start-ups auf rational agierende und kalkulierende Anleger (z.B. Sponsoren, renditeorientierte Investoren), sind diese in der Web-Community (derzeit) eher noch nicht zahlreich vertreten. Solche Zielgruppen müssen dann auf andere Weise beworben werden, als dies bislang bei CF-Projekten zu beobachten ist.

Hinsichtlich der durch Crowdfunding einwerbbaren Kapitalvolumina ist allerdings Skepsis angebracht. Zwar sind einige empirisch beobachtbare Fälle ermutigend (z.B. Trampoline Systems mit über 260.000 Britischen Pfund via Crowd eingeworbener Mittel), doch dürfte das zu den Ausnahmen zählen, auch wenn die empirische Basis für eine verlässliche Aussage noch nicht ausreicht. In der gegenwärtigen Phase, in der der Markt mit diesem Finanzierungsinstrument erst Erfahrungen sammeln muss, werden eher spendenbasierte Seed-Finanzierungen mit überschaubarem Volumen zu beobachten sein (vermutlich deutlich unter 50.000 Euro). Dies kann für den formellen Kapitalmarkt, der später die längerfristige und Wachstumsfinanzierung zu sichern hat, durchaus attraktiv sein, denn es führt den Gründungsunternehmen echtes Eigenkapital in der kritischen Pre-Seed- oder Seed-Phase zu und minimiert die Risiken für spätere Kapitalgeber. Nicht zuletzt bedeutet die Existenz einer großen Zahl von Spendern ein wichtiges positives Signal vom künftigen Markt des Gründungsunternehmens.

Die Ausführungen in den vorangegangenen Kapiteln und die empirischen Befunde machen deutlich, dass Crowdfunding, sehr allgemein formuliert, grundsätzlich das Potenzial hat, einen Beitrag zur Schließung der Early-Stage-Lücke zu leisten. Besondere Hoffnung setzt man immer noch in das informelle Privatkapital, das tatsächlich ja nicht nur bei Business Angels und anderen "high net worth individuals" (reichen Privatleuten), vorhanden ist, sondern auch bei einer großen Menge von weniger reichen Individuen (der "Crowd"), die sich für interessante, attraktive, außergewöhnliche, wertvolle soziale oder schlicht verrückte Vorhaben so begeistern lassen, dass sie bereit sind, dafür geringe Beträge aus ihrem Vermögen herzugeben, um die ersten Schritte in der Unternehmensgründungsphase zu ermöglichen. Diese Einsatzmöglichkeiten für Crowdfunding sind dennoch in wichtigen Punkten einzuschränken:

- Vorhaben, die einfache, wenig erklärungsbedürftige und komplexe Sachverhalte betreffen, nicht gewerblich schützbar sind (z.B. durch ein Patent) und deren Alleinstellungsmerkmale durch eine Webseite oder ein Prospekt leicht offengelegt werden würden, eignen sich kaum für Crowdfunding. Ein gutes Beispiel sind neuartige Businessmodelle, die sich nicht schützen lassen und die leicht kopierbar sind.
- Crowdfunding eignet sich nicht nur für kleine und kleinste Budgets. Tatsächlich sind zwar die meisten bekannten Projekte von kleinem Umfang, doch es gibt einige ermutigende Beispiele für großvolumige Finanzierungen mittels CF.
- Auch wenn es Beispiele für "Later-Stage-CF" gibt (vgl. Trampoline-Systems), eignet sich Crowdfunding kaum für große Finanzierungsrunden in **späteren** Unternehmensphasen. Das ist die Domäne der Business Angels und des formellen Kapitalmarktes.

Crowdfunding kann die herkömmlichen Quellen der Unternehmensfinanzierung nicht ersetzen, insbesondere nicht in späteren Unternehmensphasen. Es kann aber – in der Frühphase – als Seed-Money wirken und eine Unternehmensgründung erst ermöglichen. Oft sind nur wenige Tausend Euro notwendig, um einen Anwalt, einen Steuer- oder Unternehmensberater zu engagieren oder eine kleine Markt- oder Wettbewerbsanalyse zu finanzieren, um einen Businessplan zu schreiben oder um die Anmeldekosten zu decken. Crowdfunding kann also einerseits dazu beitragen, dass es überhaupt zu einer Unternehmensgründung kommt, und andererseits in dieser Phase helfen, das Start-up für nachfolgende Kapitalgeber "investment ready" zu machen.

13.2 Eignung in der Kreativwirtschaft

CF eignet sich in seiner derzeitigen Boom-Phase vor allem für Vorhaben, die eine Masse begeistern können, für Projekte mit "sex appeal" ("compelling projects"). Das sind oft Projekte von sehr kreativem, oft künstlerischem Charakter, d.h. aus der Kreativwirtschaft, für die es aber nicht notwendigerweise einen nachhaltigen Markt gibt. Vielmehr sind es eher "modische" oder aktueller Nachfrage folgende Projekte mit kurzfristigem Marktpotenzial. Solche Projekte generieren Spendenbereitschaft bei Fans, die i.d.R. keine monetären Gegenleistungen erwarten. In dieser Branche ist Entrepreneurship nicht sehr ausgeprägt, vielmehr herrschen selbständige, oft nicht auf Dauer überlebensfähige Kleinexistenzen vor, die sich von Projekt zu Projekt finanzieren. Seit langem wird die Abwesenheit des formellen Kapitalmarkts in diesem Bereich und der Mangel an geeigneten Förderprogrammen für diese "kleinteilige" Kreativwirtschaft beklagt. Crowdfunding hat sich jedoch eben wegen dieser Defizite aus der Kreativszene entwickelt und bedient darin einen großen Bedarf nach projektorientierter ad-hoc-Finanzierung mit "peer-to-peer"-Charakter. Große Kapitalvolumina können so jedoch nur zusammenkommen, wenn es gelingt, einen prominenten Protagonisten und Spender oder Sponsor zu gewinnen, der mit seinem Image bei wohlhabenderen Fans und potenziellen Unterstützern Vertrauen in das Vorhaben und/oder seine Initiatoren erzeugt und auf diese Weise einen Impuls zu größeren "Spenden" auslöst.[79] Die Budgets bisheriger, von deutschen Plattformen "erfolgreich" finanzierter CF-Vorhaben (überwiegend aus dem Kreativsektor) liegen in der Bandbreite zwischen 93 Euro und 27.000 Euro (Median 450 Euro).[80] Diese kleinen Budgets geben zwar vielen Kulturschaffenden und Kreativen den Mut, sich um Crowdfunding für einzelne Projekte zu bemühen, können aber auf Dauer nicht den erforderlichen Mindest-Deckungsbeitrag für den Betrieb der CF-Plattformen aufbringen (der ja provisionsbasiert ist). Kreative Projekte werden viel zu selten vom formellen Kapitalmarkt unterstützt: Banken sehen das kommerzielle Potenzial nicht und geben schon wegen fehlender banküblicher Sicherheiten ungern Kredite. VC- und andere Kapitalbeteiligungsgesellschaften investieren in Unternehmen mit deutlicher Profitorientierung, mit nachhaltigem Wachstumspotenzial und mit engagierten Entrepreneuren, die auch das kaufmännische Wissen zum längerfristigen Führen eines Unternehmens besitzen. Das ist bei kreativen Vorhaben nur ausnahmsweise gegeben.

79 Beispiele: SolarImpulse, 4. Revolution - Energy Autonomy.

80 Quelle: Eisfeld-Reschke/Wenzlaff (2011: 17).

13.3 Eignung bei Ventures aus dem Bereich sozialer oder organisatorischer Innovationen

CF hat sich inzwischen etabliert zur Finanzierung von **sozialen und gemeinnützigen Vorhaben**, insbesondere in der Entwicklungshilfe (Armuts- und Krankheitsbekämpfung, Hungerhilfe, Gesundheitsversorgung, Infrastrukturentwicklung, Energieversorgung, Hausbau etc.). Sie basieren zumeist auf dem reinen Spendenmodell. Es existieren weltweit sowohl eine Reihe von Intermediären, die entweder auf Crowdfunding spezialisiert sind oder Crowdfunding als neue Variante ins Spektrum herkömmlicher Fundraising-Methoden für soziale Projekte aufgenommen haben (z.B. Kiva, betterplace.de, Respekt.Net, bonventure, socential), als auch NGOs, die inzwischen Crowdfunding für ihre vielfältigen Projekte nutzen. Hier werden, z.T. durch weltweite Ansprache einer großen Zahl von Personen, oft sehr große Beträge eingeworben.

Viele Entwicklungshilfeprojekte betreffen Technologien zur Versorgung unterentwickelter Regionen mit alternativer Energie,[81] mit Mobilität, mit Zugang zur digitalen Kommunikation[82] und Ähnlichem, sind also durchaus anspruchsvoll in ihrem technologischen Gehalt. Aus ihnen können u.U. Geschäftsmodelle für neue unternehmerische Existenzen erwachsen, sowohl in den Entwicklungsländern selbst, als auch in den Industrieländern. Insofern besteht hier eine Verbindung zur Eignung von Crowdfunding für die Frühphasenfinanzierung von Start-ups im Abschnitt 13.1. (Was ihre technisch-wissenschaftliche Dimension angeht, siehe das folgende Kapitel).

13.4 Eignung zur Finanzierung von Forschungs- und Pilotvorhaben

Technologieprojekte können auch in den Industrieländern eine soziale Dimension haben, wie die Themen zeigen, die die Entwicklung, Erprobung oder Diffusion neuer Technologien zum Inhalt haben, z.B. neue Energie- oder Umwelttechnologien oder Medizin.[83] Ideologische Kontroversen und kommerzielle Interessen verhindern oft, mitunter entgegen einem breiten gesellschaftlichen Bedürfnis, dass entsprechende Technologien und Vorhaben vom Staat oder von der Industrie mit der notwendigen Intensität bzw. Ernsthaftigkeit verfolgt bzw. finanziert werden.

---

81 Z.B. http://eurekafund.org/projects/view/planting-a-solar-orchard und http://eurekafund.org/projects/view/maximizing-lifetime-of-lead-acid-batteries.

82 Z.B. BuyMySatellite.

83 So betreut die deutsche CF-Plattform mySherpas u.a. auch das Buchprojekt "Friendly Fire" über Autoimmunerkrankungen.

Technologiebezogene Themen sprechen häufig eine große Community von überzeugten Befürwortern an, die sich – aus ideologischen oder auch rationalen Motiven – uneigennützig engagieren, um diese Technologien voranzutreiben. Hier können private Initiativen, durch Crowdfunding anfinanziert, einen starken gesellschaftlichen Impuls auslösen, obwohl die Themen auf der technologischen Seite natürlich auf lange Sicht einen kommerziellen Kern haben. Es gibt schon genügend Praxisbeispiele dafür, dass solche Communities durch Crowdfunding zu mobilisieren sind. **Dieses Einsatzfeld ist besonders vielversprechend**; der Charakter solcher Projekte eignet sich sehr für Crowdfunding und darum sollten sich die Bemühungen der Weiterentwicklung und Durchsetzung von Crowdfunding neben der Start-up-Finanzierung auch darauf konzentrieren.

Eng verwandt mit diesem Einsatzfeld Technologien ist der Bereich von FuE-Vorhaben. Viele Forschungsthemen mit gesellschaftlicher und/oder wirtschaftlicher Relevanz werden – aus den verschiedensten Gründen – als solche in der politischen oder wirtschaftlichen Öffentlichkeit noch gar nicht erkannt bzw. es fehlen Programme und Instrumente, sie zu fördern. Dies gilt selbstverständlich auch für nichttechnische Fragestellungen. Hinzu kommen die zunehmenden Kürzungen von Forschungsmitteln in vielen Industrieländern. Wissenschaftler und die Öffentlichkeit suchen bzw. debattieren neue Finanzierungsquellen, u.a. auch Mikrofinanzierung, worunter Crowdfunding verstanden wird (auch "Microgranis" genannt).

In den USA existieren schon seit 2008 Organisationen, die bei der wissenschaftlichen und nicht wissenschaftlichen Web-Community Spenden (Microgranis) zu Finanzierung von Forschungsvorhaben einsammeln. Ganz bewusst werden dabei Crowd*funding* und Crowd*sourcing*-Elemente genutzt, denn die Spender werden auch aus der Gruppe bewährter Peer-Reviewer gewählt, die bisher Forschungsanträge an öffentliche Förderer begutachteten.[84]

Open Source Science Project (OSSP),[85] Fund Science[86], SciFlies[87] und Eureka Fund[88] sind US Initiativen, bei denen private Spender aus einer Liste von Abstracts Forschungsprojekte auswählen können, die sie unterstützen wollen. Faktisch handelt es sich hierbei um CF-Plattformen für die Wissenschaft. Großbritannien springt auch

84 Quelle: http://pubs.acs.org/cen/email/html/8835sci1.html (abgerufen am 19.07.2011).

85 Mit OSSP kooperieren auch die Max-Planck-Gesellschaft und zwei deutsche Universitäten. Vgl. http://www.theopensourcescienceproject.com.

86 http://apply.fundscience.org.

87 http://sciflies.org/cms.php?id=1.

88 http://eurekafund.org/projects/category.

auf diesen Zug auf, wie verschiedene Artikel in britischen Medien zeigen (vgl. Kapitel 3). Dort gibt es die Plattform "Cancer Research UK MyProjects", auf der Spendenwillige aus einer recht großen Liste von Projekten aus Krebsforschung oder Medikamentenentwicklung wählen können.[89] Die Projektleitung von Cancer Research UK MyProjects will mit dieser Initiative bewusst die "Virale Wirkung" dazu nutzen, mehr junge Leute auf Krebsforschung aufmerksam zu machen und zu karitativem Tun anzuregen.[90]

Per Crowdfunding ließen sich zumindest Vorstudien, Feasibility-Studien oder Pilotprojekte finanzieren, die der Vorbereitung größerer Untersuchungen dienen könnten, die dann u.U. andere Finanzierungsquellen anzapfen müssten.

Der Charakter dieses Fundraising kann sowohl dem Spenden-, dem Sponsoring- als auch dem Pre-Selling-Modell folgen. Als Zielgruppe der potenziellen Unterstützer kommen "Peers" aus dem jeweiligen Themenbereich in Frage (Wissenschaftler und andere Experten als Privatpersonen), u.U. auch Peer-Reviewer von Forschungsanträgen, u.U. auch industrielle Sponsoren, aber – wegen haushaltsrechtlicher Restriktionen – wohl kaum eine öffentliche Einrichtung.

Die Ernsthaftigkeit, mit der diese Linie der Wissenschaftsfinanzierung im Ausland verfolgt wird, sollte in Deutschland Anlass sein, sich auch von staatlicher Seite, von Wissenschaftseinrichtungen bzw. von Seiten des Stifterverbands oder der DFG damit zu befassen. Die in den USA und UK zu betrachtenden Modelle lassen vermuten, dass alle wichtigen Aspekte und möglichen Einwände (Intellectual Property, Besitz- und Nutzungsrechte, steuerliche Fragen, öffentlicher Zugang zu Ergebnissen etc.) schon behandelt, möglicherweise auch gelöst werden konnten. Die Modelle funktionieren und werden auch in der wissenschaftlichen Community akzeptiert. Auch einige große deutsche Wissenschaftseinrichtungen nutzen dieses Instrument schon auf der Open Source Science Project Plattform OSSP (Max-Planck-Gesellschaft, Universitäten Jena und Potsdam).[91] Die OSSP hat auch Prozeduren und Regeln implementiert, um das Crowdfunding von Projekten der angewandten Forschung mit kommerziellen Zielen und entsprechenden kommerziellen Verwertungsinteressen möglich zu machen. Insofern wäre sicher auch die Fraunhofer-Gesellschaft in dieser Community willkommen.

---

89 http://myprojects.cancerresearchuk.org.

90 Quelle: http://www.rsc.org/chemistryworld/News/2010/August/09081001.asp (abgerufen am 22.07.2011).

91 Quelle: http://www.theopensourcescienceproject.com/supportedinstitutions.php (abgerufen am 22.07.2011).

13.5 Fazit

Abschließend soll noch einmal auf die in Kap. 6.2 entwickelte Typologie zurückgegriffen werden, um die dort vorgeschlagenen neun CF-Projekttypen nach ihrer Eignung für Crowdfunding im Lichte der bisherigen Erkenntnisse zu bewerten.[92]

Abbildung 13: Eignung von Crowdfunding-Varianten nach Projekttypen

Ursprüngliche organisatorische Einbettung	Ursprünglicher gesellschaftlicher Zweck		
	Gemeinnützig, altruistisch	Mischform	kommerziell
Unabhängige Initiative	Spenden: +++ Sponsoring: +++ Pre-selling: +++ Lending: ++ Equity: -	Spenden: +- Sponsoring: ++ Pre-selling: +++ Lending: ++ Equity: -	Spenden: - Sponsoring: ++ Pre-selling: +++ Lending: +++ Equity: -
Eingebettet	Spenden: +++ Sponsoring: +++ Pre-selling: ++ Lending: - Equity: -	Spenden: +- Sponsoring: +++ Pre-selling: +++ Lending: +- Equity: -	Spenden: Sponsoring: ++ Pre-selling: +++ Lending: + Equity: -
Start-up	Spenden: +* Sponsoring: +++ Pre-selling: +++ Lending: ++ Equity: +*	Spenden: +* Sponsoring: +* Pre-selling: +++ Lending: ++ Equity: +*	Spenden: +* Sponsoring: +* Pre-selling: +++ Lending: ++ Equity: +

Quelle: Fraunhofer ISI

Legende: **+++** sehr gut geeignet, **++** gut geeignet, **+** bedingt geeignet, **+*** in der Frühphase geeignet, **-** eher nicht geeignet, **+-** nur fallabhängig zu beurteilen.

92 Diese Bewertung kann zum gegenwärtigen Zeitpunkt nur eine subjektive sein.

14 Notwendigkeit staatlichen Eingreifens, Regulierungsmaßnahmen

14.1 Relevante Rechtsnormen in Deutschland

CF ist, wie mehrfach gesagt, aus einem informellen und – im positiv verstandenen Sinn – etwas anarchistischen Umfeld entstanden, in dem große Kreativität, Experimentierfreude und Handlungsfreiheiten herrschen und wenige Regeln und Restriktionen gelten. In dem Moment wie heute, in dem Crowdfunding dieses Biotop verlässt und andere, stärker formalisierte und rechtlich geregelte Bereiche wie staatliche Förderung, Unternehmensfinanzierung, Kapitalmarkt usw. tangiert werden, müssen sich die Akteure der CF-Szene mit Rechtsfragen aus mehreren Rechtsgebieten auseinandersetzen, insbesondere mit den Gesetzen im Umfeld des Kreditwesens (Kreditwesengesetz KWG und Satzung der Bundesanstalt für Finanzdienstleistungen BaFin, Wertpapierhandelsgesetz WpHG, Wertpapierprospektgesetz WpPG, Gewerbeordnung GwO u.a.). Die Beachtung solcher Regulierungen ergibt sich aus der Notwendigkeit des Schutzes der jeweils schwächeren Seite eines Rechtsgeschäfts: entweder der "kleine" und i.d.R. unerfahrene Geldgeber aus der Crowd, der ein Projekt unterstützen möchte, in dem größere Player das Sagen haben oder der Projektinitiator, der sich mächtigen Geldgebern gegenüber sieht. Wenn Intermediäre wie CF-Plattformen und Micropayment-Provider oder Banken involviert sind, greifen u.U. zusätzlich die Regeln über Finanzdienstleistungen (§1 (1a), (3) und (11) KWG).

All dies gilt nicht nur für die in den Abschnitten 4.4 und 6.2 beschriebenen komplexeren Formen der Crowdfinanzierung wie Mikro-Kredite und Micro-Equity, sondern teilweise auch für die eher "einfachen" Formen Spenden, Sponsoring und Pre-Selling:

- Bei den Spenden entstehen auch ohne Vertrag gegenseitige Verpflichtungen, deren rechtliche Implikationen bei etwaigen Misserfolgen sowohl des CF-Prozesses wie auch des ganzen Vorhabens wenig geklärt sind. Auch Haftungsfragen sind offen. Ähnliches gilt für Sponsoring-Fälle, wenn das Vorhaben scheitert.
- Es ist nach §1 (1) KWG zu prüfen, ob eine Spende oder ein Sponsoring-Beitrag, der von einem Intermediär verwaltet wird, als Einlagengeschäft im Sinne des KWG zu werten ist oder nicht.[93]
- Der Übergang von Spenden zu Pre-Selling oder Pre-Ordering ist fließend und es ist nicht klar, wann der Spender umsatzsteuerpflichtig wird und was das für die CF-Prozeduren bedeutet.

---

93 Dies ist z.B. bei SellaBand der Fall.

- Mikro-Kredite und Micro-Equity-Verträge müssen für den Streitfall gerichtsfest dokumentiert werden. Hier müssen formale Anforderungen erfüllt werden (Notar oder nicht? Physische Dokumente oder nicht? Elektronische oder physische Signaturen?). Die Vorschriften des KWG sind zu beachten. Für häufige Crowd-Kreditgeber besteht die Gefahr, dass ihr Tun gewerblichen, d.h. der Gewinnerzielung dienenden Charakter erhält[94] und sie dadurch eine Zulassung durch die BaFin benötigen.[95]
- Micro-Equity, d.h. Investitionen in Form von kleinen Beteiligungen (Private Equity PE) bergen, wie schon mehrfach erwähnt, die schwierigsten Hürden. Einerseits ist zu prüfen, ob eine Anlage ein Wertpapier ist oder nicht.[96] Unter anderem auch daraus leitet sich ab, ob das Prospektgesetz (WpHG) greift und ob ein Verkaufsprospekt erstellt werden muss, was teuer ist, professionelle Hilfe erfordert und von der BaFin genehmigt werden muss.[97] Ebenso ist zu klären, ob sich das Anlageangebot Das ist gesetzlich durchaus nicht ganz eindeutig geregelt. Ebenso interpretationsfähig sind auch die Kriterien, die einen "qualifizierten" von einem "nicht qualifizierten Anleger" unterscheiden.[98]
- Für CF-Plattformen sind je nach dem Charakter ihres jeweiligen Geschäftsmodells zusätzliche Regelungen zu beachten. Insbesondere könnten für sie die Vorschriften des §1 Abs. 1 KWG zur Definition von Bankgeschäften und §1 (1a), (3) KWG zur

94 Nach §1 Abs. 1.2 KWG kann dann auch ein privater Kreditgeber (P2P) zu einer "Quasi-Bank" werden.

95 Die Missachtung der Erlaubnispflichten sind Straftatbestand gemäß § 54 Abs. 1 Nr. 2 bzw. Abs. 2 KWG; bis zu drei Jahre Freiheitsstrafe. Bußgeld bis zu 1 Mio. Euro. Daneben stehen der BaFin umfassende Eingriffsbefugnisse zu, um den rechtswidrigen Zustand zu beenden: Etwa sofortige Einstellung des Geschäftsbetriebs, unverzügliche Abwicklung der erlaubnislos betriebenen Geschäfte, Weisungserteilung zur Abwicklung und die Bestellung eines Abwicklers (§ 37 Abs. 1 Satz 1 f. KWG) uvm.

96 Hier gilt immer noch die Definition von Brunner (1882): "Ein Wertpapier ist eine Urkunde, in der ein privates Recht in der Weise verbrieft ist, dass zur Geltendmachung des Rechts die Innehabung der Urkunde erforderlich ist".

97 "Für Wertpapiere, die öffentlich angeboten werden oder zum Handel an einem organisierten Markt zugelassen werden sollen, muss grundsätzlich ein von der BaFin gebilligter Wertpapierprospekt veröffentlicht werden (vgl. Wertpapierprospektgesetz WpPG §3). Mit dem Prospekt sollen Anleger alle wichtigen Informationen über das Wertpapier und seinen Emittenten erhalten, um auf dieser Grundlage eine Investitionsentscheidung treffen zu können. Die BaFin prüft die Vollständigkeit einschließlich der Kohärenz (innere Widerspruchsfreiheit) und der Lesbarkeit der Prospekte, nicht aber deren inhaltliche Richtigkeit. Der Prospekt darf erst dann veröffentlicht werden, wenn er von der BaFin gebilligt wurde." (BaFin, http://www.bafin.de/cln_179/nn_723184/DE/BaFin/Aufgaben/Wertpapierauf-sicht/wertpapieraufsicht_node.html?_nnn=true&__nnn=true#doc723198bodyText7; abgerufen am 07.04.2011).

98 Qualifizierte Anleger sind u.a. natürliche Personen, die in ein öffentliches Register als qualifizierte Anleger eingetragen sind. Dazu müssen sie in der jüngeren Vergangenheit mindestens 10 Wertpapiertransaktionen getätigt und/oder im Finanzsektor einschlägige berufliche Erfahrung gesammelt haben und/oder ein Wertpapierportfolio über 500.000 Euro besitzen (vgl. §6 (e) und §27 WpPG).

Definition von Finanzdienstleitungsinstituten und Finanzunternehmen eine Rolle spielen sowie die damit verbundene Frage der Erlaubnispflicht durch die BaFin.

Angesichts der Kompliziertheit dieser rechtlichen Fragen sind viele Akteure in der CF-Szene auf Rechtsberatung angewiesen. Das gilt insbesondere für die Intermediäre, die nicht erklärtermaßen gemeinnützig aufgestellt sind. Bei Verstößen gegen die Erlaubnispflichten drohen z.T. erhebliche Strafen (Bußgelder, Liquidation des Geschäftsbetriebs bis Freiheitsstrafen). Beim Betrachten mancher Geschäftsmodelle existierender CF-Plattformen lässt sich allerdings eine gewisse Sorglosigkeit in der Beachtung der gesetzlichen Regeln feststellen; bisher wurde aber noch nichts über aufsichtsrechtliche Verfahren bekannt.

CF-Plattformen, die alle infrage kommenden rechtlichen Aspekte sorgfältig geprüft haben und ggf. die notwendigen Zulassungen besitzen, können "ihren" Projektinitiatoren diesbezüglich wertvolle Hinweise geben und stellen für sie einen wichtigen Filter zur Vermeidung rechtlicher Risiken dar. Insofern ist allen Projektinitiatoren, die keine eigene juristische Kompetenz mitbringen, auch aus diesen Gründen die Zusammenarbeit mit solchen Intermediären dringend zu empfehlen.

Aus den genannten Gründen sind in jedem konkreten CF-Fall unter anderem folgende rechtliche Fragen zu prüfen (nicht erschöpfende Liste):

a) Wird das Kapital suchende Vorhaben durch eine natürliche oder eine juristische Person (d.h. ein Unternehmen) repräsentiert?

b) Welchen Charakter hat die Art der Kapitalbereitstellung (Spende, Sponsoring, Pre-Selling, Mikro-Kredit, Micro-Equity o.ä.)?

c) Erfolgt die Kapitalbereitstellung direkt an das Kapital suchende Vorhaben oder indirekt über einen Intermediär?

d) Wie wird die Kapitalbereitstellung gegenüber dem Unterstützer/Anleger verbrieft? Wie rechtsverbindlich sind hierbei die Zusagen bezüglich der Gegenleistungen an die Unterstützer/Anleger?

e) Handelt es sich bei der Verbriefung um Wertpapiere im Sinne des KGW bzw. des WpHG?

f) Wird für die Unterstützung des Vorhabens derart geworben, dass es als öffentliches Angebot eines Wertpapiers verstanden werden kann?

g) Wie wird die Anlagemöglichkeit einer breiten Öffentlichkeit angeboten ("public offering") oder einer "privaten" Gruppe, d.h. einem beschränkten Kreis von potenziellen Anlegern ("Privatplatzierung")?

h) Werden mit dem Investitionsangebot "qualifizierte" oder auch "nicht qualifizierte Anleger" im Sinne des WpPG angesprochen?

i) Erwerben die Anleger ein Mitsprache- oder Stimmrecht an den unternehmerischen Entscheidungen des Kapital suchenden Vorhabens (Stimmrecht)?

j) Lassen sich, wenn die Anlagemöglichkeit einer breiten Öffentlichkeit (public offering) angeboten wird, evtl. Ausnahmen von der Prospektpflicht nutzen oder mit der BaFin aushandeln?

k) Gelten für den Intermediär/die CF-Plattform die aufsichtsrechtlichen Bestimmungen des KWG bzw. der BaFin bezüglich Finanzdienstleistern (KWG §1a)? Wie lassen sich Ausnahmeregeln nutzen?

l) Wie erfolgt das rechtsverbindliche und korrekte Ausstellen von einer größeren Zahl von Dokumenten für Klein- und Kleinstspender und -anleger (Spendenbescheinigungen, Kredit- oder Beteiligungsverträge, Anteilsscheine etc.)? Welche sind notariell zu beurkunden? Dürfen sie auch online ausgestellt werden und wie erfolgt dann die rechtsverbindliche Unterschrift?

14.2 Mögliche Interessen des Staates an Crowdfunding

Deutsche staatliche Stellen und die EU-Kommission haben bereits vorsichtiges Interesse an Crowdfunding gezeigt, zunächst aber hauptsächlich im Bereich der Kreativwirtschaft.[99] Offensichtlich wurde aber seine Relevanz für die Unternehmens- und Gründungsfinanzierung noch nicht erkannt. Konkret lässt sich daraus allerdings noch nicht ablesen, welche konkreten Ziele der Staat mit einer Förderung der Entwicklung des CF-Marktes verfolgen könnte. Wir sind daher momentan darauf angewiesen, mögliche solche Ziele aus unserer Kenntnis von den Politikstrategien deutscher und europäischer staatlicher Akteure zu antizipieren, um sie dann später verifizieren zu lassen. Der Staat könnte an folgenden Zielen Interesse haben:

a) Wirtschaftlichen Strukturwandel fördern bzw. beschleunigen,

b) das kulturelle und ökonomische Potenzial der Kreativwirtschaft fördern und ausnutzen,

c) Selbstständigkeit und Beschäftigung in der Kreativwirtschaft fördern und existenziell stabilisieren,

d) Wachstum und Beschäftigung innovativer Start-ups fördern,

e) die Frühphasen-Finanzierungslücke insbesondere für das Mengengeschäft der weniger wachstumsschnellen jungen Unternehmen schließen,

99 Das Bundeswirtschaftsministerium und die EU-Kommission haben einschlägige Veranstaltungen unterstützt; die EU-Kommission im Frühjahr 2011 sogar ein Projekt zu Crowdfunding in der Kreativwirtschaft ausgeschrieben.

f) potenziell wachstumsstarken Start-ups aus den Anfangsschwierigkeiten helfen, in die sie wegen fehlendem Eigenkapital und fehlender herkömmlicher Seed-Finanzierung oder Förderung geraten oder verhindern, dass "ungeschliffene Diamanten" unverdient übersehen werden und durchs Raster fallen,

g) mehr Privatkapital zur Förderung gesellschaftlicher oder ökonomisch relevanter Vorhaben mobilisieren und damit staatliche Fördertöpfe entlasten,

h) mehr Frauen für das Investment-Geschäft gewinnen und damit auch mehr potenzielle Gründerinnen zu ermutigen.[100]

14.3 Diskussion der Notwendigkeit regulatorischer Maßnahmen, PROs und CONs

Wie schon in Kapitel 14.1 angedeutet, bewegen sich einige der Finanzierungs- bzw. Businessmodelle von Intermediären auf rechtlich unsicherem Terrain. Schon das Versprechen des Projektinitiators oder des Intermediärs gegenüber Spendern, ihnen bei erfolgreicher Realisierung des zu finanzierenden Vorhabens eine irgendwie geartete Prämie ("Reward") zurückzugeben, begründet für die Spender einen Anspruch, der u.U. rechtlich einklagbar ist. Dieses Rechtsverhältnis ist zunächst nach dem Bürgerlichen oder Zivilrecht (in Deutschland BGB) geregelt. Je nach Verbindlichkeit des Prämienversprechens oder Form seiner Verbriefung wird aus der Spende leicht ein Sponsorvertrag. Wenn der Unterstützer gar einen Mikro-Kredit gewährt und dafür ein Dokument erhält oder wenn er einen Anteilschein erwirbt (wie in den Investment-Modellen), ist der Übergang zum geregelten Kapitalmarkt fließend.[101] Hier sind dann z.T. erhebliche haftungs-, steuer- und erlaubnisrechtliche Hürden zu überwinden, die die Realisierung eines zumindest kostendeckenden Betriebs einer CF-Plattform auf Dauer unmöglich erscheinen lassen.

Viele potenzielle Fans und Unterstützer innovativer oder kreativer Vorhaben bringen ihre Begeisterung und ihre guten Absichten ein, kennen aber weder die genannten möglichen Risiken ihres Tuns noch die sich daraus möglicherweise für sie und die zu

---

100 K. Lawton zitiert in seinem Blog einen der IndieGoGo-Gründer, dass 42% der erfolgreich durchgeführten Finanzierungsprojekte auf der Plattform von Frauen dominiert sind, auch auf der Seite der Unterstützer (www.huffingtonpost.com/kevin-lawton/deocratizing-venture-cap_b_792498.html (abgerufen am 01.02.2011).

101 Hier greifen u.a. das Kreditwesengesetz (KWG) und die davon abgeleiteten Regelungen für das Bundesamt für Finanzaufsicht (BaFin), das Wertpapierhandelsgesetz (WpHG), das Wertpapierprospektgesetz (WpPG) und das Zahlungsdienstleistungsgesetz (ZAG).

fördernden Vorhaben ergebenden Risiken.[102] Eine umfassende Aufklärung der Crowd über diese vielfältigen rechtlichen Implikationen scheint angesichts der Komplexität dieser Themen kaum darstellbar. Stattdessen ist nach Regulierungen zu suchen, die für das CF-Segment der Innovationsfinanzierung – je nach Art des Crowdfunding – die rechtlichen Hürden verringern, etwa durch Ausnahmetatbestände. Ähnliches wird derzeit in den USA mittels Petitionen an die U.S. Securities and Exchange Commission (SEC) versucht, von denen zwei hier kurz umrissen werden sollen:

- Das "Sustainable Economies Law Center (SELC) in Oakland, CA, eine gemeinnützige Organisation zur Förderung des nachhaltigem Wirtschaftens und nachhaltigen Entrepreneurships, möchte die existierenden Investmenthürden für kleine Unternehmen reduzieren und somit CF-Modelle auch für unerfahrene Investoren zu ermöglichen, ja zu ermutigen, die nach der gegenwärtigen Rechtslage nicht erlaubt sind. Sie zielen auf eine de-minimis-Regel zum Artikel 5 des "Securities Act" von 1933 und schlagen vor, folgende Ausnahmen von den strengen Registrierungs- und Zulassungsanforderungen zuzulassen, wenn
  - der Anbieter der Anteile ein Individuum und keine Organisation ist (das wäre dann also der Projektinitiator und nicht der Intermediär),
  - der Anbieter zur gleichen Zeit nur **ein** Angebot und nicht mehrere parallel offen hat,[103]
  - pro Unternehmen das Angebot die Summe von 100.000 US Dollar Gesamtinvestitionen nicht übersteigt,
  - jeder Investor maximal nur 100 US Dollar Anteile erwerben kann und daher seine Risiken so gering sind, dass sie keine teuren Registrierungskosten rechtfertigen und
  - jedes Investmentangebot mit einer deutlichen Warnung versehen ist, dass jeder Investor die Vertrauenswürdigkeit des Anbieters selbst sorgfältig prüfen muss und dass das Investment zur Gänze verloren gehen kann.[104]
- Der Blogger Kevin Lawton favorisiert unter den diversen Arten von Crowdfunding das "equity-based" Modell (vgl. Abschnitt 8.2.5 f) zur Wachstumsfinanzierung von Start-ups. Er hält dies langfristig für das beste und nachhaltigste Modell.105 Um dies zu befördern, entwarf er im Januar 2011 eine Petition an die SEC und bat zu-

---

[102] So ist das nicht genehmigte Anbieten einer erlaubnispflichtigen Dienstleistung mit hohen Strafen bewehrt und das Zutreffen einer Erlaubnispflicht ist im Einzelfall keineswegs eindeutig geregelt und muss von der BaFin individuell geprüft werden.

[103] Das schlösse u.U. faktisch Plattformen aus.

[104] Siehe Kassan (2010).

[105] Vgl. www.thecrowdfundingrevolution.com (abgerufen am 31.01.2011).

nächst die Crowd um Kommentierung.[106] Sein Vorschlag ist so formuliert, dass er nicht nur darauf abzielt, die regulatorischen Hürden zu reduzieren, sondern auch darauf, positive Anreize an die formelle PE-Szene zu senden und eine synergistische Kombination von formellen und informellen Investments in einem konkreten Vorhaben zu ermöglichen. Er beantragt, die SEC möge unregistrierte Investments unter folgenden Bedingungen erlauben:

- Mindestens 50% des Gesamt-Investments wird von qualifizierten akkreditierten Investoren getätigt. Der Rest darf nicht akkreditierten, d.h. unerfahrenen, nicht qualifizierten oder nicht professionellen Investoren überlassen werden.
- Ein nicht akkreditierter Investor kann individuell maximal 1% eines Gesamt-Investmentangebots erwerben.
- Er darf in wöchentlichem Abstand bis zu vier Einzelinvestments zum jeweiligen tagaktuellen Gegenwert (zum Investitionszeitpunkt) von einer Unze Feingold in lokaler Währung tätigen[107] (also maximal vier Unzen Gold pro Woche).
- Die nicht akkreditierten Investoren zählen nicht mit bei der für die SEC geltende Schwelle von 500 Investoren für das Eintreten einer Reporting-Pflicht.
- Eine unbeschränkte Zahl von nicht akkreditierten Investoren dürfen sich unbeschränkt an jeder nicht registrationspflichtigen Fundraising-Investition beteiligen.
- Dienstleister, die für ein konkretes Vorhaben solche Investoren sammeln und/ oder deren Interessen poolen, sind von den Lizensierungsanforderungen befreit, die sonst für Wertpapierhändler und -makler gelten, vorausgesetzt, sie bieten nicht mehr als 5% aller Investmentanteile an und die Gesamtgebühren an alle eingeschalteten Makler und Händler beträgt maximal 5% der angebotenen Investitionssumme.

---

106 Ebenda.

107 Nach aktuellem Goldmarktpreis etwa 1.600 US Dollar wert.

15 Schlussfolgerungen und Ausblick

15.1 Allgemeine Schlussfolgerungen

Dieser Bericht gibt eine Momentaufnahme der Situation in der derzeitig sehr dynamischen Evolution des Phänomens Crowdfunding. Man kann bereits sagen, dass Crowdfunding in der Spenden- oder Sponsoring-basierten Finanzierung von kreativen, künstlerischen und sozialen Projekten verbreitet, bewährt und akzeptiert ist. Bei kreativen und künstlerischen Projekten dient Crowdfunding jedoch eher der Subsistenzsicherung denn der Wachstumsfinanzierung.

Der Crowdfunding-Markt ist nach wie vor sehr unübersichtlich und intransparent, zumal mit jedem neuen CF-Projekt und mit jeder neu entstehenden Plattform wieder andere Strukturen und Geschäftsmodelle ins Spiel kommen, die eine überlappungsfreie Systematisierung und Klassifikation der beobachteten Phänomene und Strukturen erschwert.

Das zunächst faszinierende Konzept der Finanzierung kleiner bis größerer Vorhaben durch eine Vielzahl kleiner bis kleinster Beiträge durch Befürworter und Enthusiasten eines Vorhabens erweckt bei näherer Betrachtung den Eindruck eines Biotops der Kreativszene, eine Art Selbsthilfe ("Peer-to-Peer", P2P) angesichts nicht ausreichender sonstiger Erwerbs- und Finanzierungsmöglichkeiten. In diesem Umfeld sind die Kapitalbedarfe extrem gering; es geht sehr oft um kleine bis kleinste Projekte (vgl. Abschnitt 12). Und diese erlauben zudem auch keine nennenswerten Provisionen zwecks nachhaltiger Selbstfinanzierung von CF-Plattformen. Außerhalb des Kreativsektors sind die Kapitalbedarfe der Vorhaben deutlich größer, insbesondere im Bereich der Start-up-Finanzierung, und es erscheint aus heutiger Sicht sehr schwierig, diese – von Ausnahmefällen – abgesehen bei einer gesamtwirtschaftlich relevanten Zahl von Gründungsvorhaben durch Einsammeln kleinster Beträge in der Crowd darstellen zu können.

Viele Businessmodelle der CF-Plattformen, aber auch manche CF-Projekte befinden sich im rechtlichen Graubereich. Rechtlich schwierige Fragen werden oft nicht ernst genommen; hier ist dringend mehr Aufklärung notwendig. Manche Projektinitiatoren und Plattformen bieten Finanzierungsformen bzw. Prozeduren an, für die eigentlich eine Erlaubnis (der BaFin) eingeholt werden müsste. Da es für Laien keinen eindeutig zu lesenden Katalog von erlaubnisfreien bzw. erlaubnispflichtigen Leistungen gibt und die BaFin jeden Antrag individuell prüft, ist die rechtliche Unsicherheit vorher recht groß. Projektinitiatoren und Plattformbetreiber riskieren daher relativ hohe Strafen, wenn die BaFin ihnen erlaubnislos betriebene Aktionen nachweist.[108]

Im Grundsatz kann ein Fundraising mittels Crowdfunding vom Initiator eines Vorhabens selbst durchgeführt werden, d.h. ohne Einschalten eines Intermediärs. Doch je mehr sich die Finanzierungsvarianten von den auf Spenden oder Sponsoring gestützten entfernen und je eher die Varianten ins Spiel kommen, die formal komplexer und z.T. reguliert sind (Micro-Lending, Micro-Equity), desto aufwendiger werden die Prozeduren und desto eher ist die Inanspruchnahme von Intermediären (CF-Plattformen, Finanzinstitute, Berater, Juristen etc.) oder die Kooperation mit Investmentfonds und Einzelinvestoren erforderlich. Die Businessmodelle, die eine nachhaltige Finanzierung solcher CF-Plattformen erlauben könnten, sind derzeit noch nicht bekannt. Dies wäre mittelfristig denkbar, würde aber eine ganz andere "Liga" von CF-Plattformen entstehen lassen, als wir sie derzeit vorfinden. Zunächst wären aber eine Reihe von kreditwesens-, haftungs- und aufsichtsrechtlich schwierigen Fragen zu klären.

Die Bedeutung der Web-basierten Zahlungsweisen über Micropayment-Anbieter (PayPal u.a.) wird in der gegenwärtigen "Kennenlernphase" überbewertet. Viele Unterstützer sind skeptisch ob der Sicherheit dieser Zahlungsweisen und auch wegen der Sicherheit ihrer Kundendaten und favorisieren hergebrachte Zahlungswege wie die klassische Banküberweisung. Die Prozesse zur Realisierung und Abwicklung der Zahlungen verursachen für Plattformen derzeit einen hohen Aufwand, auch bei Nutzung von Micropayment-Lösungen, was deren im Prinzip niedrige Transaktionskosten konterkariert.

Die CF-Szene wird die derzeitige Dynamik noch einige Monate beibehalten, doch ist mit einer Konsolidierung in wenigen Jahren zu rechnen, wenn sich bei den bis dato entstandenen CF-Vorhaben ablesen lässt, wann sich Crowdfunding als Finanzierungsinstrument eignet und wann nicht.

15.2 Politische Schlussfolgerungen

Im öffentlichen Bewusstsein außerhalb des Kreativsektors ist Crowdfunding noch nicht verankert, es herrscht hoher Informations- und Aufklärungsbedarf. Noch stärker gilt dies für Akteure im formellen Segment des Finanzsektors (Banken, Beteiligungskapitalgesellschaften und VC-Fonds), aber auch bei staatlichen Förderern. Es sind also zielgenaue Aufklärungskampagnen notwendig (Konferenzen, Medienberichte ...). Dabei müssen jedoch auch die wichtigen Unterschiede deutlicher gemacht werden, die

108 Vgl. Fußnote 95.

sich u.a. in unterschiedlichen Finanzierungsarten, unterschiedlichen Typen von Projekten ausdrücken. Der Begriff Crowdfunding ist hierfür zu ungenau; man sollte ihn als Oberbegriff verstehen und zur Differenzierung Unterbegriffe wie "Crowd-Spenden" "Crowd-Sponsoring", "Crowd-Lending"; "Crowd-Investment" oder "Crowd-Equity" verwenden. Auch sehen wir die Notwendigkeit, in den öffentlichen Darstellungen des CF-Phänomens deutlich zu machen, dass es sowohl Projekte mit gemeinnützigem, sozialem oder zumindest nicht erwerbsmäßigem Hintergrund als auch solche mit erwerbswirtschaftlichem Zweck gibt. Für Unterstützer ist dies nicht immer ad hoc erkennbar; manches zunächst gemeinnützig erscheinende Projekt (z.B. ein Pilotprojekt für erneuerbare Energien) kann im Erfolgsfall später zu einem erwerbswirtschaftlichen Investitionsprojekt eines Unternehmens mutieren.

Auch die Interessen der Crowdfunder dürfen nicht aus dem Blick geraten. Zunächst ist es grundsätzlich zu begrüßen, dass es das Phänomen Crowdfunding überhaupt gibt, denn es zeigt eine hohe Bereitschaft auch nicht unbedingt begüterter Individuen, sich für ein sie faszinierendes Vorhaben, das nicht notwendigerweise gemeinnützigen Charakter haben muss, Engagement und Ressourcen in Form von Wissen und Kapital einzubringen, ohne in allen Fällen eine materielle Gegenleistung zu beanspruchen. Hier erweitert sich erfreulicherweise, aber unerwartet, sowohl das Spektrum der informellen Privatinvestoren als auch des Mäzenatentums um das noch unbekannte, aber unter Umständen in der Summe sehr große Potenzial der "Crowdfunder". Möglicherweise führt dies allmählich auch in der Kreativszene zur Entwicklung eines breiteren Verständnisses von Entrepreneurship und zur Bereitschaft an stärkerer aktiver Teilhabe an ökonomischen Prozessen. Nicht zuletzt deshalb wird Crowdfunding auch gelegentlich als "basisdemokratische" Form der Finanzierung bezeichnet.

Ganz generell ist festzuhalten, dass die CF-Szene noch von Enthusiasmus, Idealismus und Wohlwollen geprägt ist. Die Akteure räumen sich gegenseitig ein hohes Maß von Vertrauen ein, aber es stellt sich die Frage, was geschieht, wenn dieses wiederholt gebrochen wird oder wenn gar erste vertrauensschädliche Fälle bekannt werden. Der Markt wird sich, wie oft bei boomenden Märkten, auch auf Negativmeldungen einzustellen haben. Denkbar sind beispielsweise folgende Fälle:

- Unterstützer haben zwar eine verbindliche Geldzusage gegeben, zahlen aber letztlich nicht,
- ein Projekt verbrennt das gesammelte Geld, wird aber nie fertig,
- zu viele "crowdgefundete" Produkte/Dienstleistungen floppen am Markt,
- das gesammelte Geld wird für einen anderen Zweck als den angekündigten verwendet,

- Projektinitiatoren kassieren den gesammelten Betrag und verschwinden unauffindbar,
- CF-Plattformen arbeiten unprofessionell, fehlerhaft oder betrügerisch.

Diese nicht erschöpfende Aufzählung denkbarer und vermutlich auch wahrscheinlicher Fehlentwicklungen soll deutlich machen, dass Staat, Gesellschaft und Legislative aufmerksam die CF-Szene und seine Entwicklung beobachten und vorbereitet sein sollten, ggf. regulierend einzugreifen, um zu verhindern, das "die zarte Pflanze Crowdfunding verdorrt, bevor es richtig wurzeln konnte".

15.3 Ausblick und weiterer Untersuchungsbedarf

Angesichts der bereits großen und ständig wachsenden Vielfalt an CF-Beispielen, sowohl von Kapital suchenden Vorhaben jeder Genese, als auch von CF-Plattformen, konnte ein umfassender empirisch belastbarer Überblick über das Geschehen in dieser Studie noch nicht befriedigend geleistet werden. Diese Aufgaben müssen umfangreicheren Folgestudien überlassen bleiben.

Das Thema bietet sich auch für empirisch basierte Bachelor-, Diplom-, Master- oder Doktorarbeiten an, wodurch die Strukturen und Prozesse im Crowdfunding-Markt weiter differenziert werden können.

Weitgehend unbekannt ist noch die Einstellung der in der Start-up-Finanzierung traditionell engagierten Akteure des formellen Kapitalmarktes (Banken/Sparkassen, Förderbanken, Beteiligungskapitalgesellschaften, Corporate Venturer und PE- bzw. VC-Fonds-Manager) oder informelle Investoren (Privatinvestoren) zu Crowdfunding. Sie sind als komplementäre Finanzierungspartner unverzichtbar; ohne sie kann keine dauerhafte Unternehmensfinanzierung gelingen. Auf das ursprüngliche Ziel, erste Eckpunkte zur Gestaltung von Übergängen ("Interfaces") zwischen Crowdfunding und diesen "klassischen" Formen der Projekt-, Start-up- und Later-Stage-Finanzierung, aber auch zwischen Crowdfunding und staatlicher Förderung zu formulieren, musste daher hier verzichtet werden. Hierzu müssten erst die Bedürfnisse der Akteure im formellen Kapitalmarkt bzw. der Öffentlichen Hände systematisch analysiert werden. Zuvor sind jedoch die oben erwähnten Aufklärungskampagnen notwendig, unterstützt von entsprechenden Presseartikeln, um das notwendige Grundwissen über Crowdfunding zu vermitteln. Es zeigte sich im Verlauf dieser Studie, dass sich in diesen Institutionen momentan kaum jemand etwas unter dem CF-Konzept vorstellen kann. Für das Fraunhofer ISI sind die wichtigsten offenen Fragen daher:

- Wie müssen Übergänge und Schnittstellen (Interfaces) zu den staatlichen Förderinstrumenten beschaffen sein?

- Wie müssen Übergänge und Schnittstellen zu den formellen Segmenten der Kapitalmärkte (Bankkredite, Angel Finanzierung, Venture Capital etc.) gestaltet sein, um komplementäre Finanzierungen und Folgefinanzierungen zu erlauben?

Diese zu beantworten und geeignete Interfaces einzurichten, die auch von allen Akteuren sowohl des informellen als auch des formellen Kapitalmarktes und von Staat, Gesellschaft und, nicht zuletzt, der "Crowd" akzeptiert werden, wird keine geringe Herausforderung der nächsten Monate sein. Es sollte relativ schnell gelingen, damit Crowdfunding wirklich sein Potenzial als Frühfinanzierungsinstrument voll entfalten kann.

16 Referenzen und weiterführende Literatur

Agrawal, A./Catalini, C./Goldfarb, A. (2011): The Geography of Crowdfunding. University of Toronto.

Belleflamme, P./Lambert, T./Schwienbacher, A. (2010): Crowdfunding,: An Industrial Organization Perspective. Vorläufiges Papier für die Pariser Konferenz "Digital Business Models: Understanding Strategies" am 25. bis 26. Juni 2010.

Benjamin, G.A./Margulis, J. (2001): The Angel Investor's Handbook – How to profit from early-stage investing. Princeton: Bloomberg Press.

Booth, W. (2006): His Fans Greenlight the Project – Robert Greenwald Tapped a New Funding Source: The Audience. In: Washington Post am 20. August 2006. Online: http://www.washingtonpost.com/wp-dyn/content/article/2006/08/18/AR2006081800210_pf.html (abgerufen am 17.12.2010).

Brabham, D. (2008): Crowdsourcing as a Model for Problem Solving: An Introduction and Cases, Convergence: The International Journal of Research into New media technologies, Vol. 14(1), S. 75-90.

Brady, M.K./Noble, C.H./Utter, D.J./Smith, G.E. (2002): How to Give and Receive: An Exploratory Study of Charitable Hybrids, Psychology & Marketing, Vol. 19(11), S. 919-944. Published online in Wiley InterScience (www.interscience.wiley.com, abgerufen im April 2011).

Brunner, H. (1882): Die Wertpapiere. In: Endemanns Handbuch des deutschen Handels-, See- und Wechselrechts, Band II, S. 140, 147; zitiert über: Hippler, M. (1998): Bilanzierung von Schuldverschreibungen im Jahresabschluss der Versicherungsunternehmen, S. 21 ff.

Chowdhry, B. (2010): Microequity: A New Model for Financing Microentrepreneurship. In: Huffington Post am 4. Juni 2010.

Coveney, P./Moore, K. (1998): Business Angels - Securing start up finance. Chichester: Wiley & Sons. Online: http://www.huffingtonpost.com/bhagwan-chowdry/microequity-a-new-model-f_b_596329.html (abgerufen im April 2011).

de Soto, H. (2000): The Mystery of Capital: Why Capitalism Triumphs in the West and Fails Everywhere Else. London: Bantam 2000.

Dilk, A./Littger, H. (2010): Crowdfunding, Geldgeber ohne Gewinnabsicht – das Web 2.0 macht's möglich. Lufthansa Exclusive 10/10. Online: http://www.lhm-lounge.de/beitrag_3511892.html (abgerufen im April 2011).

Dovidio, J.F./Piliavin, J.A./Schroeder, D.A./Penner, L.A. (2006): The social psychology of prosocial behavior. Mahwah, NJ: Erlbaum.

Eisfeld-Reschke, J./Wenzlaff, K. (2011): Crowdfunding Studie 2010/2011 - Untersuchung des plattformgestützten Crowdfundings im deutschsprachigen Raum, Juni 2010 bis Mai 2011. Berlin: Institut für Kommunikation in sozialen Medien (ikosom).

Everett, R. C. (2010): Group membership, relationsship banking and loan default siks: the case of online social lending. (Draft). The Krannert School, Purdue University. Online: http://ssrn.com/abstract=1114428 (abgerufen im Januar 2010).

Felber, P. (2011): Die Masse zahlt ein. Artikel in "message 2/2011".

Freud, S. (1921): Massenpsychologie und Ich-Analyse. Translated by J. Strachey (1981) as Group Psychology and the Analysis of the Ego. In: Standard Edition, Vol. XVII. pp. 76-143. London: The Hogarth Press.

Geerts, S.A.M. (2009): Discovering Crowdsourcing. Theory, Classification and Directions for use. Masterthesis TU Eindhoven.

Harms, M. (2007): What drives Motivation to Participate Financially in a Crowdfunding Community? Master thesis. Amsterdam: Free University.

Hemer, J. (2003): Mehrwert von Business Angels in der Net Economy. In: Kollmann, T. (Hrsg.): E-Venture-Management - Neue Perspektiven der Unternehmensgründung in der Net Economy. Wiesbaden.

Hemer, J./Berteit, H./Walter, G./Göthner, M. (2006): Erfolgsfaktoren für Unternehmensgründungen aus der Wissenschaft. Stuttgart: Fraunhofer IRB Verlag.

Hemer, J./Schleinkofer, M./Göthner, M. (2007): Akademische Spin-offs - Erfolgsbedingungen für Ausgründungen aus Forschungseinrichtungen, Studien des Büros für Technikfolgen-Abschätzung beim Deutschen Bundestag, Bd. 22. Berlin: edition sigma.

Hemer, J./Schneider, U./Dornbusch, F./Frey, S. (2011): Crowdfunding und andere Formen informeller Mikrofinanzierung in der Projekt- und Innovationsfinanzierung. Interner Zwischenbericht zum Eigenforschungsprojekt des Fraunhofer Instituts für System und Innovationsforschung ISI, Karlsruhe, Mai 2011. Karlsruhe: Fraunhofer ISI.

Institut für Kommunikation in sozialen Medien (ikosom) (Hrsg.) (2011): *Crowdfunding Handbuch*. co:funding Konferenz, Berlin: Institut für Kommunikation in sozialen Medien (ikosom).

Jansen, S.A./Oldenburg, F. (2010): Unternehmertum statt Ehrenamt. brand eins 07/2010 – Was Wirtschaft treibt. Online: http://www.brandeins.de/archiv/magazin/beziehungswirtschaft/artikel/unternehmertum-statt-ehrenamt.html (abgerufen im April 2011).

Kappel, T. (2009): Ex ante Crowdfunding and the Recording Industry: A Model for the U.S.?, Loyola of Los Angeles Entertainment Law Review, Vol.29, Issue 3. Online: http://heinonline.org/HOL/LandingPage?collection=journals&handle=hein.journals/laent29&div=18&id=&page= (abgerufen am 16.03.2011).

Kassan, J. (2010): Petition for Rulemaking: Exempt securities offerings up to $100,000 with $100 maximum per investor from registration. Oakland, CA: Sustainable Economies Law Center (SELC). Online: www.scsbc.org/issues.aspx?article_id=924 (abgerufen am 17.03.2011).

Kerbusk, K.-P. (2007): INTERNET – Von Mensch zu Mensch, Der Spiegel 13/2007.

KfW Entwicklungsbank (2011): Mikrofinanzierung. (Online: http://www.kfw-entwicklungsbank.de/DE_Home/Sektoren/Finanzsystementwicklung/Mikrofinanzierung.jsp (abgerufen im April 2011).

Kleeman, F./Voss, G.G./Rieder, K. (2008): Un(der)paid Innovators: The Commercial Utilization of Consumer Work through Crowdsourcing, Science, Technology & Innovation Studies, Vol. 4(1), S. 5-26.

Kozinets, R./Hemetsberger, A./Schau, H. J. (2008): The Wisdom of Consumer Crowds: Collective Innovation in the Age of Networked Marketing, Journal of Macromarketing, Vol. 28(4), S. 339-354.

Krishnamurthy, S./Tripathi, A.K. (2009): Monetary donations to an open source platform, Research Policy, Vol. 38, S. 404-414.

Lambert, T./Schwienbacher, A. (2010): An Empirical Analysis of Crowdfunding. Online: http://ssrn.com/abstract=1578175 (abgerufen im Januar 2011).

Landeshauptstadt Stuttgart (Hrsg.) (2010): Crowdfunding Mikrofinanzierung Flattr & Co. Stuttgart: Mein Motor. Online: http://91.208.45.16/item/show/337302/1/3/412347? (abgerufen im April 2011).

Larralde, B./Schwienbacher, A. (2010): Crowdfunding of Small Enterprenuerial Ventures. Book chapter for Ed D.J. Cummings: "Handbook of Entrepreneurial Finance", forthcoming at Oxford University Press.

Lawton, K. (2010): The Crowdfunding Revolution Will Democratize Venture Investing. Blog posted in December 8, 2011, in Huff Post Business. Online: http://www.huffingtonpost.com/kevin-lawton/democratizing-venture-cap_b_792498.html? (abgerufen am 01.02.2011).

Le Bon, G. (1895): Psychology of the Crowds. Improved edition 2009. Sparkling Books Ltd.

Littger, H. (2010): Crowdfunding im Filmgeschäft – Geld sammeln, ohne zu betteln. Zeit Online am 30. Dezember 2010. Online: http://www.zeit.de/kultur/film/2010-12/filmbranche-crowdfunding (abgerufen am 08.02.2011).

Martin, R./Randal, R. (2009): How Sunday, price, and social norms influence donation behaviour, The Journal of Socio-Economics, Vol. 38 (2009), S. 722-727.

McClelland, R./Brooks, A.C. (2004): What is the Real Relationship between Income and Charitable Giving?, Public Finance Review, Vol. 32, S. 483. Online: http://pfr.sagepub.com/content/32/5/483 (abgerufen im April 2011).

McColgan, C. (2009): A look into green microfinance. The Wokai Microfinance Blog am 12. April 2009, Post No. 1562. Online: http://www.wokai.org/blog/1562 (abgerufen im April 2011).

Murray, R./Caulier-Grice, J. (2008): Crowdfunding – Methods and Tools. Online: http://www.socialinnovationexchange.org/node/1260 (abgerufen im April 2011).

Piferi, R.L./Jobe, R.L.; Jones, W.H. (2006): Giving to others during national tragedy: The effects of altruistic and egoistic motivations on long-term giving, Journal of Social and Personal Relationships, Vol. 23, S. 171. SAGE. Online: http://spr.sagepub.com/content/23/1/171 (abgerufen im April 2011).

Pretes, M. (2002): Microequity and Microfinance, World Development, Vol. 30, No. 8, S. 1341-1353 Online: http://www.elsevier.com/locate/worlddev (abgerufen im April 2011).

Russ, C. (2007): Online Crowds – Extraordinary Mass Behavior on the Internet. Proceedings of I-MEDIA '07 and I-SEMANTICS '07, September 2007, Graz, Austria. Online: http://ssrn.com/abstract=1620803 (abgerufen im April 2011).

Schervish, P.G./Havens, J.J. (1997): Social participation and charitable giving: a multivariate analysis, Voluntas, Vol. 8(3), S. 235-260.

Schwienbacher, A./Larralde, B. (2010): Crowdfunding of Small Entrepreneurial Ventures. Forthcoming in Handbook of Entrepreneurial Finance, Oxford University Press. Online: http://ssrn.com/abstract=1699183 (abgerufen im April 2011).

Singh, A. (2011): Green Microfinancing – Can Microfinancing Alone Alley These Woes?. Präsentation Department of Economics, University of Pune. Online: http://www.cseindia.org/docs/IIT_Climate_change/Aprajita%20Singh.pdf (abgerufen im April 2011).

Sommeregger, M. (2010): CSR 2.0: Soziale Online-Spendenplattform als neues Instrument für Corporate Giving? Eine Untersuchung am Beispiel www.betterplace.org. Magister Thesis. Vienna: University of Vienna.y

Stabsabteilung Wirtschaftsförderung Stuttgart (2011): Bank 2.0: Crowdfunding. Interview mit Bernd Hartmann Online: http://www.kultur-kreativ-wirtschaft.de/KuK/Navigation/aktuelles,did=378288 (abgerufen im April 2011).

Surowiecki, J. (2004): The Wisdom of the Crowd. New York: Anchor Books.

Terberger, E. (2002): Mikrofinanzierung: Allheilmittel gegen Armut?. In: Ruperto Carola 3/2002, Universitätsverlag Winter GmbH Heidelberg. Online: http://www.uni-heidelberg.de/presse/ruca/ruca3_2002/terberger.html (abgerufen im April 2011).

Turner, R./Killian, L.M. (1972): Collective Behaviour. NJ: Englewood Cliffs.

Wainwright, F./Groeninger, A. (2005): Note on Angel Investing (= Class discussion paper). Dartmouth: Tuck School of Business at Dartmouth Center for Private Equity and Entrepreneurship.

Wallace, P. (1999): The Psychology of Internet. Cambridge: Cambridge University Press.

Ward, C./Ramachandran, V. (2010): Crowdfunding the next hit: Microfunding online experience goods. New York: Mimeo.

Warner, A. (2010): Vom Crowdfunding zum Krautfunding: Deutsche Autoren entdecken die Dankeschön-Ökonomie. Blog: http://upload-magazin.de. Online: http://upload-magazin.de/buch-zukunft/crowdfunding-219/ (abgerufen im April 2011).

Wattig, L. (2010): Über die Motivation hinter der Nutzung von Crowdfunding-Diensten. Blog http://leanderwattig.de am 29. September 2011. Online: http://leanderwattig.de/index.php/2010/09/29/uber-die-motivation-hinter-der-nutzung-von-crowdfunding-diensten/ (abgerufen am 30.09.2010).

Wiepking, P. (2010): Democrats support international relief and the upper class donates to art? How opportunity, incentives and confidence affect donations to different types of charitable organizations, Social Science Research, Vol. 39, S. 1073-1087.

Wojciechowski, A. (2009): Models of Charity Donations and Project Funding in Social Networks. Lecture Notes in Computer Science 5872, S. 454-463.

Zoerner, T. (2010): CrowdFunding oder SocialFunding – ein Marktüberblick. Blog: http://www.cyber-junk.de. (http://www.cyber-junk.de/wp-content/cache/supercache/cyber-junk.de/angeschaut/crowdfunding-oder-socialfunding-ein-marktuberblick/index.html (abgerufen im April 2011).

Anhang A1: Ausgewählte Crowdfunding-Beispiele

a) Beispiele für "crowdgefundete" Vorhaben

(alphabetisch sortiert)

Name des Vorhabens: Blender (Foundation) (Niederlande)

Website: www.blender.org

Kurzbeschreibung:

Nach dem Bankrott von *Not a Number Technologies* (NaN) stimmten die NaN Gläubiger zu, das Programm *Blender* für einen Betrag von 100.000 € unter die freie Softwarelizenz GNU General Public License (GPL) zu stellen. Daraufhin wurde die *Blender Foundation* gegründet, um diesen Betrag über Spenden aufzutreiben. (Street Performer Protocol)

Initiatoren: Ton Roosendaal

Bisherige Geldgeber aus der Crowd: Privatpersonen

Art und Anzahl: Über 1300 Mitglieder (Beitrag 50 €), weitere Spender und Unternehmen

Kumulierte Summe: 100.000 € (Zielsetzung)

Individueller Beitrag: -

Angebot operativ: 18. Juli bis 7. September 2002 (weiterhin Spenden möglich)

Name des Vorhabens: Breast cancer: a prevention trial (Großbritannien)

Website: http://myprojects.cancerresearchuk.org/projects/breast-cancer-trial

Kurzbeschreibung:

Die großangelegt klinische Studie "International Breast Cancer Intervention Study II" (IBIS-II) soll herausfinden, ob das Medikament "Anastrozole" helfen kann Brustkrebs zu verhindern. Dazu wurde ein Finanzierungsprojekt auf der Plattform Cancer Research UK angelegt. Man kann sowohl individuell für das Projekt spenden, als auch eine "Fundraising Page" eröffnen, um selbst – in eigener Verantwortung – Geld dafür zu sammeln.

Initiatoren:. Professor Jack Cuzick

Bisherige Geldgeber aus der Crowd: Privatpersonen & Organisationen

Art und Anzahl: über 6.000 Spender

Kumulierte Summe: 104.000 £ (Zielbetrag erreicht)

Individueller Beitrag: ab 0,05 £

Angebot operativ seit: unbekannt

Name des Vorhabens: Buy This Satellite (USA)

Website: http://buythissatellite.org/

Kurzbeschreibung:

Ahumanright.org plant den Kauf eines Satelliten, um Menschen in einer armen und schlecht versorgten Region (z.B. Papua Neu Guinea, Indonesien oder Afrika, aber noch nicht genauer bestimmt) einen Internetzugang zu ermöglichen.

Initiator: ahumanright.org

Bisherige Geldgeber aus der Crowd: Privatpersonen und Unternehmen

Art und Anzahl: 1.091 Personen (Stand: 17.03.2011)

Kumulierte Summe: 61.275 $ (Stand 17.03.2011) von 150.000$ (Phase 1: Planung)

Individueller Beitrag: ab 1 $

Angebot operativ seit: Ende 2010 (?)

Name des Vorhabens: Die 4. Revolution (Deutschland)

Website: www.energyautonomy.org

Kurzbeschreibung:

Filmprojekt mit Ziel, Energiewende durch die Förderung erneuerbarer Energien anzustoßen. Film wurde durch CF finanziert und startete im März 2010 in den Kinos. Etwaige Einspielgewinne werden in neue Projekte zum gleichen Thema investiert. Jeder Supporter (à 1.000 €) erhält als Gegenleistung 50 DVDs, Nennung seines Namens im Abspann und Wiedergabe seines Bildes bzw. Firmenlogos mit Link auf der Projekt-Homepage. Supporter wirken auf diese Weise als Multiplikatoren und Werber. Sponsoren (à 20.000 €) erhalten 250 DVDs (nach Wunsch mit Logo auf dem Cover), werden im Abspann hervorgehoben und können ein Logo auf Cover, Begleitheft, Kinoplakat o.ä. bekommen.

Initiator: Carl A. Fechner

Bisherige Geldgeber aus der Crowd: 144 Supporter, 24 Sponsoren, ein Hauptsponsor mit 150.000 € und ein Investor mit 550.000 € (Privatpersonen, Unternehmen, Verbände/Vereine, unabhängige Organisationen)

Art der Unterstützung: Spende, Sponsoring (mit Reward)

Kumulierte Summe: ca. 1,5 Mio. € (April 2011)

Individueller Beitrag: pro Filmbaustein 1.000 €; ab 20 Bausteinen wird man "Sponsor"

Angebot operativ: 2006 (Drehbeginn: Ende 2008)

Name des Vorhabens: Exthanded (Schweiz)

Website: www.exthanded.com

Kurzbeschreibung:

Das Spektrum von Exthanded dient der Entwicklung, Produktion und Vertrieb von Kamerazubehör, insbesondere eines Schwebestativs für kompakte Camcorder.

Das Crowdfunding-Projekt auf mySherpas diente der Weiterentwicklung des Schwebestativs und der Realisierung einer neuen Prototypenserie.

Initiatoren: Exthanded Team: Marco Stoffel, Maria Tarcsay, Christian Looser

Bisherige Geldgeber aus der Crowd: 30 Personen (davon 2 Unternehmen)

Art der Unterstützung: Sponsoring

Kumulierte Summe: 8.082 € (Ziel: 8.000 €)

Individueller Beitrag: 10 € bis 1.500 € (vier anonyme Spendenbeträge)

Angebot zur Finanzierung auf mySherpas: Dezember 2010 bis März 2011

Name des Vorhabens: Friendly Fire – das Autoimmunbuch (Deutschland)

Website: www.mysherpas.com/de/projekt/Friendly-Fire-das-Autoimmunbuch

Kurzbeschreibung:

Um das Buch "Friendly Fire" über das menschliche Immunsystem und Autoimmunerkrankungen zu schreiben, warb die Autorin um 6.000 € für das Design komplexer Grafiken, für Literaturrecherche bzw. für den Kauf von Fachartikeln und – büchern und für anfallende Reisekosten für Kongresse oder Interviews. Zur Finanzierung erstellte sie ein Projekt auf der Plattform mySherpas (Sponsoring bzw. "Spenden" mit Gegenleistungen).

Initiatoren:. Andrea Kamphuis

Bisherige Geldgeber aus der Crowd: Privatpersonen

Art und Anzahl: 102

Kumulierte Summe: 7.895 € (Zielbetrag: 6.000 €)

Individueller Beitrag: 10 € bis 1.000 €

Angebot operativ : 31. März 2011 bis 17. Juni 2011

Name des Vorhabens: MillionDollarHomepage (England)

Website: www.milliondollarhomepage.com

Kategorie: Kapital suchendes Vorhaben

Kurzbeschreibung:

Der Student Alex Tew bot auf seiner Homepage eine Millionen Pixel (mindestens 10x10) zum "Verkauf" an, um sein Studium zu finanzieren. Als Gegenleistung garantierte er mindestens 5 Jahre, einen Werbebanner auf dem gekauften Pixel-Bereich zu zeigen.

Initiator: Alex Tew (Student)

Bisherige Geldgeber aus der Crowd: Privatpersonen & Unternehmen

Art und Anzahl: Fans und Sponsoren

Kumulierte Summe: 1.037.100 $ in 6 Monaten

Individueller Beitrag: 1 $ pro 1 Pixel (38.100 $ für die letzten 1.000 Pixel über eBay versteigert)

Angebot operativ: August 2005 bis Januar 2006

Name des Vorhabens: Freiburger Münsterturm "Wir bauen mit!" (Deutschland)

Website: www.freiburger-muensterturm.de

Kurzbeschreibung:

Spenden an den gemeinnützigen Münsterbauverein über verschiedene Wege zur Unterstützung der Restauration des Münsters: konventionelle Spendenüberweisungen in beliebiger Höhe (gegen Steuerbefreiung), Erbschaften bzw. Testamentsspenden, Vermächtnisse, Zustiftungen, Steinpatenschaften, Spende als Geschenk für Dritte und, als *CF-Variante, Spende per SMS.*

Initiatoren: Münsterbauverein, Erzdiözese, Stadt Freiburg, private Stiftungen und Private

Sponsoren: Unternehmen, Unternehmer, Lion-Clubs, Privatpersonen

Art und Anzahl der SMS-Spenden: ?

Kumulierte Summe: ?

Individuelle Beitragsspanne: 4,99 € pro SMS-Spende

SMS-Möglichkeit operativ seit: 2006

Name des Vorhabens: MyFootballClub (Großbritannien)

Website: www.myfootballclub.co.uk

Kurzbeschreibung:

Privater Club, der eigenen Fussballverein kaufen wollte. 2007 schloss MyFootballClub einen Übernahmevertrag mit dem englischen Ebbsfleet United FC und ca. 20.000 Mitglieder von MyFootballClub erwarben mit zu £35 pro Person 75% an dem Verein und ein Mitspracherecht bei Transfers oder anderen wichtigen Entscheidungen.

Initiatoren: Will Brooks (Journalist)

Bisherige Geldgeber aus der Crowd: Privatpersonen

Art und Anzahl: bis zu 53.000 Fans/Interessierte

Kumulierte Summe: 635.000 £ (beim Kauf)

Individuelle Beitragsspanne: Von 50 bis 100 £ pro Jahr (zur Zeit)

Angebot operativ seit: August 2007

Name des Vorhabens: Reduce the Cost of Energy in Africa (USA)

Website: http://eurekafund.org/projects/view/energy-usage-monitoring-in-africa

Kurzbeschreibung:

In Entwicklungsländern sind viele Menschen auf Autobatterien als einzige Stromquelle angewiesen. Stanford Universität möchte die Energienutzung in Kenia und Uganda erforschen und Simulationen zur Batterienutzung durchführen. Anhand der Ergebnisse sollen unter anderem die Kosten gesenkt und die Wirksamkeit erneuerbarer Technologien erhöht werden.

Initiatoren:. Stanford University: Professor Gil Masters, Mike Lin

Bisherige Geldgeber aus der Crowd: Privatpersonen (?)

Art und Anzahl: unbekannt

Kumulierte Summe: 2.779 $, abgerufen am 21. Juli 2011 (Zielbetrag: 23.500 $)

Individueller Beitrag: unbekannt

Angebot operativ seit: 1. November 2009

Name des Vorhabens: SolarImpulse (Schweiz)

Website: www.solarimpulse.com

Kurzbeschreibung:

Ziel: mit Solarflugzeug 2013 ohne Treibstoff Erde umrunden. Finanzierung: gestaffeltes Supporter Programm, nach der Höhe der Spende verschiedene Prämien (vonTeam-Badges über "adoptierte" Solarzellen, VIP-Führungen durch Piloten (=Initiatoren) bis Anbringung des Spendernamens am Flugzeug). Es gibt ein Angels-Programm, in dem Privatinvestoren als "Team-Mitglieder" eine aktivere Rolle im Projekt wahrnehmen können.

Initiatoren: Bertrand Piccard und André Borschberg (sind auch die beiden Piloten)

Bisherige Geldgeber aus der Crowd: Privatpersonen, Unternehmen

Art der Unterstützung: Spenden (mit Rewards)

Kumulierte Summe: unbekannt

Individueller Beitrag: 35, 135, 1.350 und 6.650 EUR (Supporter Programm)

Angebot operativ: 2003, Angels Programm 2005

Name des Vorhabens: Trampoline Systems (Großbritannien)

Website: www.trampolinesystems.com

Kurzbeschreibung:

Trampoline Systems ist ein Software Unternehmen, das 2009 als weltweit erstes, bereits bestehendes Technologieunternehmen über Equity-CF **zusätzliches** Kapital aufbringen konnte. Aus rechtlichen Gründen durfte die Allgemeinheit nicht beworben werden, sondern nur qualifizierte Investoren.

Initiatoren: Charles Armstrong, Craig McMillan

Bisherige Geldgeber aus der Crowd: Qualifizierte Investoren und bestehende Shareholder

Art der Unterstützung: Investment

Kumulierte Summe: 260.000 £ (erste Runde, abgeschlossen), für 2. Runde geplante 350.000 £

Individuelle Beitragsspanne: unbekannt

Angebot operativ seit: Erste Runde bis Oktober 2009; zweite Runde ab August 2010

b) Beispiele für Crowdfunding-Plattformen

(alphabetisch sortiert)

Name der CF-Plattform: betterplace (Deutschland)

Webseite: www.betterplace.org

Kurzbeschreibung:
Plattform für soziale Hilfsprojekte; gleichzeitig ein Social Network, um über Kontakte und Freunde ein nähere Verbindung zu den Projekten aufbauen zu können (Web of Trust).

Zielgruppe: Projekte von Privatpersonen und Organisationen mit sozialem Auftrag

Initiatoren: gut.org gAG, Vorstandsvorsitzender Till Behnke

Bisherige Geldgeber aus der Crowd: Privatpersonen und Unternehmen

Art der Unterstützung: Spenden (147.844 Spender, laut Homepage, Stand: 28.04.2011)

Kumulierte Summe: über 2,5 Mio. € (bis April 2010)

Individueller Beitrag: ab 1 €

Finanzierung des laufenden Plattformbetriebs: betterplace.org erhebt keinerlei Provisionen/Gebühren und wird durch gut.org und die 100%ige Tochter von gut.org betterplace Solution GmbH getragen. Letztere ermöglicht (gegen Entgelt) die Präsentation der Corporate Social Responsibility von Unternehmen.

Angebot operativ seit: 2007

Name der CF-Plattform: Crowdcube (Großbritannien)

Website: www.crowdcube.com

Kurzbeschreibung:
Crowdcube bietet die Möglichkeit, einen beliebigen Betrag direkt bei gelisteten und vorgeprüften Start-up-Unternehmen zu investieren und dafür Geschäftsanteile zu erwerben.

Initiatoren: Daren Westlake, Luke Lang

Bisherige Geldgeber aus der Crowd: Privatpersonen

Art und Anzahl: 0

Kumulierte Summe: 0

Individueller Beitrag: ab 1 £

Angebot operativ seit: Noch nicht gestartet

Name der Plattform: Flattr (Schweden)

Website: www.flattr.com

Kurzbeschreibung:

Social-Payment-System, bei dem jeder Nutzer einen frei wählbaren monatlichen Spendenbeitrag leistet. Dieser wird Seitenanbietern, die bei Flattr angemeldet sind, nach des Nutzers Präferenzen verteilt.

Initiatoren: Peter Sunde & Linus Olsson

Bisherige Geldgeber aus der Crowd: Privatpersonen

Art und Anzahl: (angeblich) über 20.000 Fans

Kumulierte Summe: k. A.

Individuelle Beitragsspanne: ab 2 € pro Monat

Angebot operativ seit: März 2010

Name der CF-Plattform: Grow VC (Finnland, Hongkong, UK)

Website: http://www.growvc.com

Kurzbeschreibung:

Finanzier. v. Start-ups mit Kapitalbedarf von bis zu 1 Mio. US $ mit Hilfe professioneller Investoren. Es unterhält eine eigene (Web)Community für registrierte Mitglieder. Mitglieder können dabei eine von vier möglichen Rollen annehmen: Entrepreneur, Start-up, Funder und Expert. Der Entrepreneur ist gebührenfreies Mitglied, muss jedoch an mindestens ein Start-up gebunden sein. Für den Expert gibt es eine fixe Gebühr und für Funder und Start-ups ist eine gestaffelte Mitgliedsgebühr fällig (abhängig von Kapitaleinsatz/-bedarf).

Zielgruppe unter den kapitalsuchenden Vorhaben: Entrepreneure und Start-ups

Initiatoren: Jouko Ahvenainen und Valto Loikanen

Bisherige Geldgeber aus der Crowd: Professionelle Investoren (mit Erfahrung aus Unternehmensgründung bzw. -finanzierung oder auf Empfehlung von aktiven Investoren)

Art der Unterstützung: Investment und Beratung (z.B.: Buchhaltung, Recht usw.)

Kumulierte Summe: $ 16.668.175 verfügbares Kapital (Stand: 12.05.2011)

Individueller Beitrag: Mindestbetrag unbekannt, nach oben unbeschränkt

Finanzierung des laufenden Plattformbetriebs: Mitgliedsgebühr, beginnend ab $ 20 im Monat ($ 150 im Jahr) bis zu $ 140 im Monat ($ 1.200 im Jahr) und 25% des ROI der Start-ups.

Angebot operativ seit: 2009

Name der Plattform: investiere.ch (Schweiz)

Website: www.investiere.ch

Kurzbeschreibung:

Plattform ist Vermittler, mit dessen Hilfe Privatpersonen durch Investition echte Teilhaber an ausgewählten und geprüften Start-ups werden können. Typischerweise Kofinanzierungungen von inverstiere.ch und anderen größeren Investoren.

Zielgruppe unter den kapitalsuchenden Vorhaben: Schweizer Jungunternehmer und Gründer mit einem Kapitalbedarf zwischen 500.000 und 2,5 Mio. SFr.

Initiatoren: Verve Capital Partners AG

Bisherige Geldgeber aus der Crowd: Privatpersonen/Kleininvestoren

Kumulierte Summe: > 1 Mio. SFr., davon 767.000 SFr. (für bisher finanzierten Portfolio-Unternehmen), zzgl. > 300.000 SFr. unterzeichnete Term Sheets (für aktuelle Runden)

Individueller Beitrag: Mindestinvestition ab 6.000 SFr.

Finanzierung des laufenden Plattformbetriebs: "5+5"-Formel, nach erfolgreicher Finanzierung erhält investiere.ch 5% des vermittelten Kapitals und Verve Capital beteiligt sich im Gegenzug mit 5% an dem Unternehmen, damit handelt es sich also um eine Equity-Prämie.

Angebot operativ seit: Februar 2010

Name der Plattform: Kachingle (USA)

Website: www.kachingle.com

Kurzbeschreibung:

Kachingle ist ein Social-Payment-System, bei dem jeder Nutzer einen frei wählbaren monatlichen Spendenbeitrag leistet. Dieser wird Seitenanbietern, die bei Kachingle angemeldet sind, nach des Nutzers Präferenzen und Seitenaufrufen verteilt.

Initiatoren: Cynthia Typaldos

Bisherige Geldgeber aus der Crowd: Privatpersonen

Art und Anzahl: (unter 1.000?) Fans

Kumulierte Summe: ?

Individueller Beitrag: bisher 5 USD pro Monat fix

Angebot operativ seit: Konzept seit Mai 2004

Name der Plattform: Kickstarter (USA)

Website: www.kickstarter.com

Kurzbeschreibung:
Kickstarter ist derzeit die größte Funding Plattform im Internet. Privatpersonen stellen ihre zu finanzierenden Projekte mit einer Beschreibung und einem Spendenziel befristet auf der Plattform vor. Spender erhalten eine u.U. nicht pekuniäre Belohnung. Die Spendensumme wird zunächst von Kickstarter verwaltet und nur ausgezahlt, wenn das Spendenziel mindestens erreicht wurde.

Initiatoren: Perry Chen, Yancey Strickler, Charles Adler

Bisherige Geldgeber aus der Crowd: Privatpersonen

Art und Anzahl: Fans, Rekord: 13.512 Spender für ein Projekt

Kumulierte Summe: 27.638.318 $ (nur in 2010)

Individueller Beitrag: ab 1 $

Angebot operativ seit: April 2009

Name der Plattform: Phineo gAG (Deutschland)

Website: www.phineo.org

Kurzbeschreibung:
Phineo agiert als Spendenvermittler. Phineo analysiert nach Ausschreibungen gemeinnützige Organisationen und Projekte und bietet außerdem dazu passende Themenreports an.

Initiatoren: Hauptgesellschafter: Bertelsmann Stiftung und Gruppe Deutsche Börse

Bisherige Geldgeber aus der Crowd: Soziale Investoren

Art und Anzahl: Spender

Kumulierte Summe: unbekannt

Individueller Beitrag: ab 1 €

Angebot operativ seit: Dezember 2009 (Gründung)

Name der Plattform: Seedmatch UG (haftungsbeschränkt) (Deutschland)

Website: www.seedmatch.de

Kurzbeschreibung:

Spezialisiert auf Vermittlung von Mikro-Investoren für innovative unternehmerische Start-ups. Diese erwerben so online stille Unternehmensbeteiligungen (Micro-Equity). Bisher 2 Unternehmen im Angebot; noch kein Projekt abgeschlossen.

Initiatoren: Jens-Uwe Sauer

Bisherige Geldgeber: nicht bekannt

Kumulierte Summe: noch offen

Individueller Beitrag: ab 250 €

Finanzierung der Plattform: Erfolgreich "gefundetes" Unternehmen zahlt Erfolgshonorar von 5 bis 10% auf die vermittelte Investitionssumme.

Angebot operativ seit: September 2010

Name der Plattform: Seedups (Irland)

Website: www.seedups.com

Kurzbeschreibung:

Vermittlung von Entrepreneuren an qualifizierten Investoren. Die ausführlich Darstellung der Unternehmen ist erst nach der Registrierung (mit Qualifikationsnachweis) möglich.

Initiatoren: Michael Faulkner

Bisherige Geldgeber aus der Crowd: Qualifizierte Investoren/Privatpersonen

Art und Anzahl: 120 Investoren

Kumulierte Summe: 9.000.000 € (verfügbares Kapital für Start-ups laut Homepage)

Individueller Beitrag: 250 € bis 10.000 €

Angebot operativ seit: Ende 2010/Anfang 2011

Name der Plattform: SellaBand (ehem. NL, jetzt Deutschland)

Website: www.sellaband.com

Kurzbeschreibung:

Plattform für Musiker z. Finanz. Ihrer Musikprojekte (Alben, Touren Promotion usw.) durch ihre Fans. Diese erhalten nach Betrag eine Prämie (CD, Studio-Besuch, Revenue Share…).

Initiatoren: (urspr:) Johan Vosmeijer, Dagmar Heijmans (Sony/BMG), Pim Betist (Shell) inzwischen an deutsche Investoren um den Geschäftsführer Michael Bogatzki verkauft.

Bisherige Geldgeber aus der Crowd: Privatpersonen

Art und Anzahl: Musikfans

Kumulierte Summe: über 3.000.000 USD

Individueller Beitrag: Von 1 bis € 1500 €

Angebot operativ seit: August 2006

Name der Plattform: smava (Deutschland)

Website : www.smava.de

Kurzbeschreibung:

Smava bietet die Möglichkeit, Kreditnehmer und –geber direkt zusammenzuführen. Die Kreditwünsche und Unterlagen der Projektinitiatoren werden von smava geprüft und anschließend steht das Projekt privaten Kreditgebern zur Verfügung. Der Preis für den Kredit ergibt sich aus Angebot und Nachfrage.

Zielgruppe unter den kapitalsuchenden Vorhaben: Konsumenten und Selbstständige mit Kreditwünschen zwischen 1.000 und 50.000 €

Initiatoren: Alexander Artopé, Eckart Vierkant, Sebastian Rieschel

Bisherige Geldgeber aus der Crowd: Personen mit Wohnsitz und Bankkonto in Deutschland

Art der Unterstützung: Lending

Kumulierte Summe: über 48,3 Mio. € bereits vermittelt (laut smava.de, Stand 28.04.2011)

Individueller Beitrag: 250 bis 100.000 €

Finanzierung des laufenden Plattformbetriebs: Bei erfolgreicher Vermittlung wird eine Gebühr je nach Laufzeit fällig: 36 Monate – 2,5% (0,83% pro Laufzeitjahr), mindestens 40 €; 60 Monate – 3,0% (0,6% pro Laufzeitjahr), mindestens 60 €.

Angebot operativ seit: März 2007

Name der Plattform: SonicAngel (Belgien)

Website: www.sonicangel.com

Kurzbeschreibung:

SonicAngel ist eine Plattform bei der sich ausgewählte (neue) Künstler von ihren Fans die CD (Album, Single, EP) finanzieren lassen können. Kommt genug Geld zusammen wird ein individueller Plattenvertrag zwischen SonicAngel und den Künstlern geschlossen. Die Netto-Gewinne gehen anteilig an SonicAngel, Künstler und Fans/Investoren.

Initiatoren: Maurice Engelen, Bart Becks

Bisherige Geldgeber aus der Crowd: Privatpersonen

Art und Anzahl: 3.500 Fans

Kumulierte Summe: -

Individueller Beitrag: 10 € - 1000 €

Angebot operativ seit: Mai 2010

Name der Plattform: Startnext (Deutschland)

Website: startnext.de

Kurzbeschreibung:

Privatpersonen stellen ihre zu finanzierenden Projekte mit einer Beschreibung und einem Spendenziel befristet auf der Plattform vor. Kann das Projekt eine bestimmt Anzahl von Fans begeistern (durch Stimmenabgabe), so wird es für die Finanzierung freigeschaltet. Wenn die Deadline und das Spendenziel eines Projektes erreicht wurden, erhält der Projektinitiator das Geld, ansonsten geht es an die Unterstützer zurück. Seit 20.04.2011 ist Startnext gemeinnützig.

Zielgruppe unter den kapitalsuchenden Vorhaben: Privatpersonen mit kreativen, kulturellen oder innovativen Projekten

Initiatoren: Denis Bartelt, Tino Kreßner

Bisherige Geldgeber aus der Crowd: Privatpersonen

Art der Unterstützung: Spenden (mit "Dankeschöns")

Kumulierte Summe: über 50.000 € (Summe der erfolgreichen Projekte, Stand: 28.04.2011)

Individueller Beitrag: ab 1 €

Finanzierung des laufenden Plattformbetriebs: derzeit noch 4% Gebühr, unentgeltliche Arbeit der Gründer, zukünftig über Spenden

Angebot operativ seit: September 2010

Name der Plattform: VenCorps (USA)

Website: www.vencorps.com

Kategorie des Anbieters: Intermediär & Kapitalgeber

Kurzbeschreibung:

VenCorps ist eine Art crowdsourced Venture Capitalist kombiniert mit der Möglichkeit von Crowdfunding. Entrepreneurs können sich auf der Seite registrieren und ihr Unternehmen vorstellen. Jeden Monat wird aus 9 Start-ups ein Gewinner gewählt, der von VenCorps mit 25.000 $ finanziert wird. Die Bewertung und Wahl der Unternehmen findet durch die Community statt. Darüber hinaus, kann jeder (zu gleichen Konditionen wie VenCorps) in beliebige Unternehmen investieren.

Initiatoren: Professor Sean Wise, Don Tapscott, Kevin Kimberlin

Bisherige Geldgeber aus der Crowd:

Art und Anzahl: über 7.500 Mitglieder (Entrepreneurs, Investoren, Fachleute, Privatpersonen)

Kumulierte Summe: ?

Individueller Beitrag: ?

Angebot operativ seit: ?

Name der Plattform: WiSeed (Frankreich)

Website: www.wiseed.fr

Kategorie des Anbieters: Intermediär

Kurzbeschreibung:

WiSeed finanziert ausgewählte europäische Start-ups (Due Diligence und mit Beträgen ab 50.000 €) mit Hilfe von Privatpersonen. Das wird von Wiseed durch die Gründung einer Holding ermöglicht. Dabei wird eine jährliche Managementgebühr von 1% über 5 Jahre fällig.

Initiatoren: Thierry Merquiol, Nicolas Sérès

Bisherige Geldgeber aus der Crowd: Privatpersonen

Art und Anzahl: Private Investoren

Kumulierte Summe: -

Individueller Beitrag: ab 100 €

Angebot operativ seit: Ende 2009 (?)

Anhang A2: Liste mit bekannt gewordenen CF-Beispielen, alphabetisch und nach Kategorien gruppiert

(Stand: 21.07.2011)

	Name der Organisation/ des Projekts	Gegenstand	Kategorie	Sitzland
1.	Artemis Eternal	CF eines Sci-Fi-Kurzfilms	Kapital su.	US
2.	BeNoot	Website/Unternehmen mit CF-Finanzierung => medianomad.com	Kapital su.	F
3.	Blender	Street Performer Protocol: 100.000 € um 3D-Software frei verfügbar zu machen (GPL)	Kapital su.	NL
4.	Bürgerwirken	Bürger spenden in Schwerte	Kapital su.	D
5.	Buy This Satellite	Spenden für den Kauf eines Satelliten um Internet zu verbreiten	Kapital su.	US
6.	BuyaCredit	Filmproduktion "Clovis Dardentor"	Kapital su.	GB
7.	Hotel Chocolat	Beteiligungen für Mindestzeit, monatliche Dividende in Schokolade	Kapital su.	GB
8.	I am Verity	Sängerin, die mit Hilfe von Fans Alben produziert	Kapital su.	ZA
9.	Iron Sky	Förderung eines Filmprojekts f. 6 Mio €	Kapital su.	D/FIN/A US
10.	Justin Wilson plc	Investition in Formel 1-Fahrer möglich	Kapital su.	GB
11.	Love Like Hers	CF des gleichnamigen Films	Kapital su.	GB
12.	Lynch tree Project	CF eines Filmprojekts	Kapital su.	US
13.	Media No Mad	CF-Blog zur Finanzierung von BeNoot.com	Kapital su.	F
14.	MillionDollarHomepage	Student verkauft 1 Mio. Pixel à 1 $, um sein Studium zu finanzieren	Kapital su.	GB
15.	MyFootballClub	Kauf eines Fußball-Clubs durch Community	Kapital su.	GB
16.	Outvesting	Auswahl und einmalige Förderung (CF) eines Start-ups mit 5.000 €	Kapital su.	IRL
17.	Project Franchise	Kauf eines Sportclubs durch Community	Kapital su.	US
18.	SmallCanBeBig	CF für hilfsbedürftige Familien (in Massachusetts?)	Kapital su.	US

	Name der Organisation/ des Projekts	Gegenstand	Kategorie	Sitzland
19.	The Age of Stupid	CF des gleichnamigen Filmes (2009)	Kapital su.	GB
20.	The Cosmonaut	CF des gleichnamigen Filmes	Kapital su.	E
21.	The Independent Collective	CF von Filmen (derzeit: Tiny Dancer)	Kapital su.	US
22.	Trampoline Systems	Finanzierungsrunden eines Unternehmens mit Hilfe von CF	Kapital su.	GB
23.	Cinema Shares	Sammeln für Film(e)-Projekt(e)-	KP	
24.	Flattr	Fördert Webseiten (Blogs usw.)	KP	S/EU
25.	Grameen Foundation	Spenden gegen Armut	KP	US
26.	Kachingle	Fördert Webseiten (Blogs usw.)	KP	US
27.	Racing Shares	Beteiligungen an Rennpferden	KP	GB
28.	ThankThis	Fördert Websiten und wohltätige Organisationen durch Micropayments	KP	US
29.	yourcent	zahle/empfange freiwillig für Inhalte	KP	D
30.	1%Club	Spenden gegen Armut	Plattform	NL
31.	2aid	Spenden für sauberes Wasser	Plattform	D
32.	33.needs	CF von sozialen Projekten/Unternehmen	Plattform	US
33.	40billion	Fundraising für Entrepreneurs	Plattform	US
34.	4just1	CF für wohltätige Zwecke	Plattform	NL
35.	8-Bit funding	CF von Projekten	Plattform	US
36.	AfricaUnsigned	CF für Afrikanische Musiker	Plattform	NL
37.	AKAmusic	CF von Musikprojekten	Plattform	F
38.	Akvo	CF von Sozialen Projekte	Plattform	NL/EU
39.	Anyone But Me	CF einer Webserie	Plattform	US
40.	Appbackr	CF von Apps, Profit, wenn App bei iTunes verkauft wird	Plattform	US
41.	Artha	Investorenplattform	Plattform	GB
42.	artistShare	CF von Musikprojekten	Plattform	US
43.	Auxmoney	P2P Kredite	Plattform	D
44.	Babyloan	Mikro-Kredite	Plattform	F/EU

	Name der Organisation/ des Projekts	Gegenstand	Kategorie	Sitzland
45.	BelieversFund	CF von Apps (iOS, Android)	Plattform	B/Int
46.	Betterplace	Spenden für Hilfsprojekte	Plattform	D/EU
47.	BidNetwork	CF-Investitionen in Entrepreneurs von Schwellenländern	Plattform	NL/EU
48.	Bigcarrots	P2B Kredite	Plattform	GB
49.	Biracy	Filme, www.sokap.com	Plattform	US/CDN
50.	Braz	Spenden für Mikro-Kredite für wohltätige Zwecke	Plattform	NL
51.	buzzbank	Unterstützung von Sozialen Projekten	Plattform	GB
52.	Cameesa	ehemaliges T-Shirt CF	Plattform	Int
53.	Cancer Research UK	CF für Krebsforschung	Plattform	GB
54.	CapAngel	Fundraising	Plattform	F
55.	Cashere	P2P Kredite	Plattform	CH
56.	Catarse	CF von Projekten	Plattform	BR
57.	Catwalk Genius	Public-Funded Fashion Collection	Plattform	BG/IRL
58.	c-crowd	Investitionen in Unternehmen oder Charity Projekte	Plattform	CH
59.	CherryCard	Vermittlung von Mikro-Unternehmensspenden mittels ihrer Kunden	Plattform	US
60.	ChipIn	Fundraising	Plattform	US
61.	CineCrowd	CF von Filmprojekten	Plattform	NL
62.	Cinema Reloaded	CF von Filmprojekten	Plattform	NL/EU
63.	Citizen Effect	CF und Crowdsourced Hilfeleistungen	Plattform	US
64.	ClearlySo	Social Businesses & Enterprises	Plattform	GB
65.	CoFundIt	International?, Fundraising für Start-ups	Plattform	CH
66.	Cofundos	CF von Open-Source Software	Plattform	EU
67.	Communitae	P2P Kredite	Plattform	E
68.	Couch Tycoon	will erst sich selbst dann Ventures Bootstrappen	Plattform	D
69.	CreateaFund	Fundraising	Plattform	US

	Name der Organisation/ des Projekts	Gegenstand	Kategorie	Sitzland
70.	Crowdaboutnow	CF für Unternehmen und Investoren	Plattform	NL
71.	CrowdCube	Investment in Start-ups	Plattform	GB
72.	Crowdfund	Förderung in der Early Stage	Plattform	ZA
73.	Crowdfund Company	Seite noch im Aufbau	Plattform	NL
74.	crowdfunder	CF von Kreativen Projekten	Plattform	GB
75.	Crowdfunding.ch	=> c-crowd	Plattform	CH
76.	Crowdrise	Fundraising für wohltätige Projekte	Plattform	US
77.	CummunityLend	P2P Kredite	Plattform	CDN
78.	Dhanax	Mikro-Kredite gegen Armut	Plattform	IND
79.	Donjoy	P2P Kredite	Plattform	ROK
80.	DonorsChoose	Spenden für Klassen/Schulen/Schüler	Plattform	US
81.	Eeditions Du Public	CF für Schriftsteller	Plattform	F
82.	Emphas.is	CF von Foto-Journalismus	Plattform	US
83.	EurekaFund	CF für Energie- und Umweltforschung	Plattform	US
84.	Fairplace	P2P Kredite	Plattform	BR
85.	FansNextdoor	CF von Kreativen Projekten	Plattform	Int
86.	Fashion Stake	Mode/Fashion	Plattform	US
87.	Feed the Muse	Künstler (Musik, Kunst, Film, Literatur...)	Plattform	US
88.	FinanceUtile	CF von Start-ups	Plattform	F
89.	Finansowo	P2P Kredite	Plattform	PL
90.	FirstGiving	CF von Nonprofits oder Privatpersonen	Plattform	US
91.	FriendsClear	CF von Entrepreneurs	Plattform	F
92.	Frooble	P2P Kredite	Plattform	NL
93.	Fund it	CF, noch nicht gestartet	Plattform	IRL
94.	Fundable	Soziales Netzwerk für Online Fundraising	Plattform	US
95.	FundBreak	=> Pozible	Plattform	
96.	Funding Circle	P2B Kredite	Plattform	GB

	Name der Organisation/ des Projekts	Gegenstand	Kategorie	Sitzland
97.	Fundry	CF von Software	Plattform	US
98.	FundScience	CF für wissenschaftliche Forschung	Plattform	US
99.	Fynanz	Studentenkredite	Plattform	US
100.	Give a little	Fundraising für wohltätige Projekte	Plattform	NZ
101.	GiveForward	CF für Medizinische Behandlungen	Plattform	US
102.	GiveZooks	Fundraising für Nonprofits	Plattform	US
103.	GlobalGiving	Spenden für Projekte	Plattform	US
104.	Globe Forum	Fördert (Business) Innovationen, Crowdsourcing und -Funding	Plattform	S/EU
105.	Gofundme	Spenden für Privatpersonen	Plattform	US
106.	Good Return	Mikro-Kredite gegen Armut	Plattform	AUS
107.	Greedy or Needy	Abstimmung und Belohnung für Greedy/Needy-Projekte via ChipIn	Plattform	US
108.	GreenNote	Studentenkredite	Plattform	US
109.	Greenwish	CF für nachhaltige Initiativen	Plattform	NL
110.	GrowVC	(Seed)Funding Start-ups	Plattform	US/Int
111.	Hukilau	Unabhängige Medien (Erstellen, Finanzieren, Bereit stellen)	Plattform	US
112.	Human Heritage	Spenden für Kulturelle Zwecke	Plattform	MEX
113.	HypeDate	P2P Kredite	Plattform	NL
114.	iGrin	P2P Kredite	Plattform	AUS
115.	Ikelmart	CF von Start-ups	Plattform	PR
116.	IndieGoGo	CF von Projekten	Plattform	US
117.	INKUBATO	CF von Kreativen Projekten	Plattform	D
118.	Innovatrs	CF von Entrepreneurs	Plattform	GB/Int
119.	Innovestment	CF von Geschäftsideen	Plattform	D
120.	InvestedIn	CF von Projekten	Plattform	US
121.	investiere.ch	Investitionen in Start-up-Unternehmen	Plattform	CH
122.	Ioby	Spenden für Umwelt-Projekte	Plattform	US
123.	IOU Central	P2B Kredite	Plattform	US

	Name der Organisation/ des Projekts	Gegenstand	Kategorie	Sitzland
124.	IOU Music	Spenden für Bands	Plattform	CDN/Int
125.	isePankur	P2P Kredite	Plattform	EST
126.	Jile	CF von Projekten	Plattform	B
127.	Jumo	Unterstützung (Funding/Sourcing) von Projekten	Plattform	US
128.	kapipal	CF von Projekten	Plattform	I/Int
129.	Kickstarter	CF von Kreativen Projekten	Plattform	US
130.	KissKissBankBank	CF von Projekten	Plattform	F
131.	Kiva	Micro-Credits gegen Armut	Plattform	US
132.	Kokos	P2P Kredite	Plattform	PL
133.	Kopernik	Innovative Technologien, Hilfsbedürftigen durch CF ermöglichen	Plattform	US
134.	Lanzanos.com	CF von Projekten	Plattform	E
135.	LendFolio	=> Peerfom	Plattform	US
136.	LendingClub	P2P Kredite	Plattform	US
137.	Lendit	P2P Kredite	Plattform	NZ
138.	Loanio	P2P Kredite	Plattform	US
139.	Loanland	P2P Kredite	Plattform	S
140.	LoudSauce	CF von Werbung	Plattform	US
141.	lubbus	P2P Kredite	Plattform	E
142.	Maneo	P2P Kredite	Plattform	J
143.	Microfundo	CF von Musikprojekten	Plattform	US
144.	Microplace	Micro-Credits gegen Armut	Plattform	US
145.	microPledge	alte CF-Seite, nicht mehr aktuell ca. drei Jahre	Plattform	NZ
146.	Money Auction	P2P Kredite	Plattform	ROK
147.	Motiva.me	CF von Projekten	Plattform	BR
148.	movere.me	CF von Projekten	Plattform	BR
149.	Mutuzz	CF von Projekten	Plattform	F
150.	My Major Company	CF von Musikprojekten	Plattform	F
151.	MyC4	Kredite für Afrika	Plattform	DK
152.	MyELEN	Mikro-Kredite	Plattform	CZ

	Name der Organisation/ des Projekts	Gegenstand	Kategorie	Sitzland
153.	MyGoodWorks	CF von Projekten	Plattform	NL
154.	MyMajorCompanyBooks	CF für Schriftsteller	Plattform	F
155.	MyMicroCredit	Mikro-Kredite gegen Armut	Plattform	D/A
156.	mySherpas	CF von Projekten	Plattform	D
157.	MyShowMustGoOn	CF von Vorstellungen (Theater/Konzert/...)	Plattform	F
158.	NamasteDirect	Mikro-Kredite gegen Armut in Guatemala	Plattform	US
159.	newfacefilm.eu	CF von Filmprojekten	Plattform	CZ/EU
160.	Nieuwspost	CF von Journalisten	Plattform	NL
161.	Noba	P2P Kredite	Plattform	H
162.	Open Genius Project	CF für wissenschaftliche Forschung	Plattform	I
163.	OptINnow	Mikro-Kredite gegen Armut	Plattform	US
164.	Peer Lending Network	P2P Kredite	Plattform	US
165.	peerbackers	CF für Entrepreneurs/Projekte	Plattform	US
166.	Peerform	P2P Kredite	Plattform	US
167.	People Capital	Studentenkredite	Plattform	US
168.	Pepsi's Refresh Project	Sammelt Ideen/Projekte und lässt Community abstimmen, welche finanziert werden	Plattform	US
169.	Phineo gAG	Plattform für soziale Investoren	Plattform	D
170.	Pifworld	CF für wohltätige Zwecke	Plattform	NL
171.	Pirate My Film	CF von Filmprojekten	Plattform	Int
172.	Pledge Music	CF von Musik-Projekten	Plattform	GB/US
173.	Pledgie	CF von Projekten	Plattform	US
174.	Pling	CF von Projekten	Plattform	D
175.	Podium Funds	=> Podium Ventures	Plattform	US
176.	Podium Ventures	CF-Fond, der in Portfolio investiert	Plattform	US
177.	Popfunding	P2P Kredite	Plattform	ROK
178.	pozible	CF von Projekten	Plattform	AUS
179.	ppdai	P2P Kredite	Plattform	CHN
180.	Profounder	CF für Entrepreneurs/Projekte	Plattform	US

	Name der Organisation/ des Projekts	Gegenstand	Kategorie	Sitzland
181.	Progreso Financiero	P2P Kredite	Plattform	US
182.	Prosper	P2P Kredite	Plattform	US
183.	Prosper	Private Kredite (Geber und Nehmer)	Plattform	US
184.	Qifang	Studentenkredite	Plattform	CHN
185.	Quirky	Crowdsourced Erfindungen/Entwicklungen, mit Gewinnbeteiligung	Plattform	US
186.	RaiseCapital	CF von Entrepreneurs	Plattform	US
187.	Rang De	Mikro-Kredite gegen Armut	Plattform	IND
188.	Razoo	Spenden für wohltätige Projekte	Plattform	US
189.	Rebirth Financial	Kredite für lokale Geschäftsideen	Plattform	US
190.	Respekt.net	CF von Projekten zur "Verbesserung der Welt"	Plattform	A
191.	Revenue Trades	Funding von Entrepreneurs und Share vom späteren Gewinnen	Plattform	US
192.	RevolutionTrades	=> Revenue Trades	Plattform	US
193.	RocketHub	CF von Kreativen Projekten	Plattform	US
194.	Sandawe	CF von Comic-Projekten	Plattform	B
195.	Schrijversmarkt	CF für Schriftsteller	Plattform	NL
196.	SciFlies	CF für wissenschaftliche Forschung	Plattform	US
197.	Seedlounge	Organisiert Finanzierungsevents für Start-ups	Plattform	D
198.	Seedmatch	CF von Gründungsprojekten	Plattform	D
199.	Seedups	Qualifizierte Investoren und Entrepreneurs	Plattform	IRL
200.	SellaBand	CF von Musikprojekten	Plattform	D/NL/EU
201.	Slicethepie	CF von Musikprojekten	Plattform	GB
202.	SmallChangeFund	Spenden für soziale/ökologische Projekte	Plattform	CDN
203.	Smava	P2P Kredite	Plattform	D
204.	SocialWish	Spenden für soziale/Nonprofit Wünsche	Plattform	US
205.	Sokap	CF von Projekten	Plattform	CDN

	Name der Organisation/ des Projekts	Gegenstand	Kategorie	Sitzland
206.	SonicAngel	CF von Musik-CDs	Plattform	B
207.	Sponsume	CF von Kreativen Projekten	Plattform	GB
208.	Spot.us	CF von Reportern/Journalisten	Plattform	US
209.	Sprowd	CF von Business-Projekten, noch Testumgebung	Plattform	NL
210.	startnext	CF von Projekten	Plattform	D
211.	StartSomeGood	CF von sozialen Projekten/Unternehmen	Plattform	US
212.	SupporterWall	CF von Projekten	Plattform	US
213.	Symbid	Equity-Based CF in Unternehmen, noch nicht gestartet	Plattform	NL/EU
214.	TenPages	CF für Schriftsteller und Bücher	Plattform	NL
215.	The Open Source Science Project	CF und Kollaboration für wissenschaftliche Forschung	Plattform	US
216.	the point	Fundraising	Plattform	US
217.	theBigGive	Spenden für Charity-Projekte	Plattform	GB
218.	Trundo	P2P Kredite	Plattform	NL
219.	uend	Spenden gegen Armut	Plattform	CDN
220.	Ulule	CF von Projekten	Plattform	F
221.	United Prosperity	Mikro-Kredite	Plattform	US
222.	Uppspretta	P2P Kredite	Plattform	IS
223.	Veecus	Mikro-Kredite	Plattform	F
224.	VenCorps	Crowdsourced Venture Capitalist (mit Crodwfunding?)	Plattform	US
225.	Venture Bonsai	CF von Entrepreneurs	Plattform	FIN/EU
226.	VentureSocially	Venture Pitch erstellen und damit für Investoren werben	Plattform	US/EU
227.	Verkami	CF von Kreativen Projekten	Plattform	E
228.	VisionBakery	CF von Projekten	Plattform	D
229.	Vittana	Studentenkredite	Plattform	US
230.	Voordekunst	CF von Kunst(?)-Projekten	Plattform	NL
231.	Wealthforge	CF-Plattform, Closed-Beta Status	Plattform	
232.	WeDidThis	CF von Kunst(?)-Projekten	Plattform	GB

	Name der Organisation/ des Projekts	Gegenstand	Kategorie	Sitzland
233.	WeFund	CF von Kreativen Projekten	Plattform	GB
234.	Wiseed	CF von Start-ups	Plattform	F
235.	Wokai	Mikro-Kredite gegen Armut in China	Plattform	US
236.	YES-secure	P2P Kredite	Plattform	GB
237.	YourMajorStudio	Movie & TV, noch nicht gestartet (7./8. März)	Plattform	F
238.	Zafèn	Mikro-Kredite für Haiti	Plattform	US
239.	Zdonk	CF von Filmprojekten (?), noch nicht gestartet	Plattform	US
240.	ZimpleMoney	P2P Kredite	Plattform	US
241.	Zopa	Private Kredite (Geber und Nehmer)	Plattform	GB
242.	Senzoo	Software für Crowdfunding-Seiten (Open Source)	Software	US
243.	cintep	Maintenance		
244.	Digital Garage	Infos und will Support-Netzwerk für SA-Entrepreneurs werden		ZA
245.	Globumbus	"Global Crowd Network", Stiftung zur Unterstützung von Entrepreneurship		D
246.	Groupvesting	nicht erreichbar		
247.	iFilmFund.Com	nicht erreichbar		
248.	Indie Maverick	nicht erreichbar		
249.	MyAzimia	Softwarelösung für Mikrofinanzierung und P2P-Darlehen		GB/D
250.	ReelChanges	nicht erreichbar		
251.	Virgin Money	nicht erreichbar		
	Legende: KP = Kapital suchend und Plattform			